图说高效养殖关键技术

图说

稻田养小龙虾
关键技术

占家智　羊茜◎编

U0213257

机械工业出版社
CHINA MACHINE PRESS

本书内容新颖、实用，图文并茂，形象生动。本书以小龙虾产业现状、存在的问题和发展前景为背景，从与稻田养殖有关的小龙虾生物习性入手，详细介绍了稻虾养殖产业链中小龙虾、水草、水稻三个核心要素的方方面面，全面介绍了亲虾繁殖及培育、幼虾培育、稻虾轮作、稻虾共作、水稻栽培、水草栽种、小龙虾饲料和虾病防治等养殖的各个环节及关键技术。

本书可供广大小龙虾养殖户、技术人员学习使用，也可作为新型农民创业和行业技能培训的教材，还可供水产相关专业师生阅读参考。

图书在版编目（CIP）数据

图说稻田养小龙虾关键技术/占家智，羊茜编 . —北京：机械工业出版社，2019.3
（图说高效养殖关键技术）
ISBN 978-7-111-62088-4

Ⅰ.①图… Ⅱ.①占… ②羊… Ⅲ.①稻田－龙虾科－淡水养殖－图解 Ⅳ.①S966.12-64

中国版本图书馆 CIP 数据核字（2019）第 035198 号

机械工业出版社（北京市百万庄大街 22 号　邮政编码 100037）
策划编辑：周晓伟　责任编辑：周晓伟　张　建
责任校对：张　力　责任印制：李　昂
北京瑞禾彩色印刷有限公司印刷
2019 年 3 月第 1 版第 1 次印刷
147mm×210mm · 5 印张 · 157 千字
0001—6000 册
标准书号：ISBN 978-7-111-62088-4
定价：35.00 元

凡购本书，如有缺页、倒页、脱页，由本社发行部调换
电话服务　　　　　　　　　　网络服务
服务咨询热线：010-88361066　机工官网：www.cmpbook.com
读者购书热线：010-68326294　机工官博：weibo.com/cmp1952
　　　　　　　　　　　　　　金书网：www.golden-book.com
封面无防伪标均为盗版　　教育服务网：www.cmpedu.com

前 言
Preface

淡水小龙虾，学名为克氏原螯虾，原产于墨西哥北部和美国南部，20世纪二三十年代，由日本引入我国江苏南京及安徽滁州地区。该虾适应性广、繁殖力强，经过数十年的自然繁衍、迁徙和人类引种养殖活动，目前，该虾已广泛分布于我国20多个省市的江河、湖泊、水库、池塘、稻田、沟渠和沼泽中，现为我国主要经济虾类之一。安徽、湖北、江苏、江西、上海为我国克氏原螯虾主产区。

自21世纪初以来，小龙虾较高的营养价值及小龙虾经济文化的渲染，使其在国内外市场供不应求，但野生资源逐渐枯竭，小龙虾价格从每千克几角钱飙升至每千克25～60元，市场仍呈不饱和状态，出口原料常年缺货。由于自然资源日趋减少，市场需求量大，稻虾连作、稻虾共作精准种养技术的前景广阔。该项技术又是立体种养的模式，可以保持农田生态系统物质与能量的良性循环，实现稻虾双丰收。为了方便广大读者朋友快速、方便、直观地掌握在稻田里养殖小龙虾的技术，我们在长期生产实践的基础上，查阅了大量的相关资料，编写了本书，读者朋友可以按图索骥，更好地了解并掌握小龙虾的稻田养殖技巧。

本书的最大特点是简化了对小龙虾养殖基础理论的探讨，重点解决生产实践中的问题，尤其是小龙虾种虾投放与水稻茬口安排、种植水草、投放螺蛳、控制种虾放养密度、加强饲喂管理、做好小龙虾病害防治、应用最佳捕捞方法和水稻病虫害科学防治等技术。本书的文字不多，图文并茂，有的放矢，形象生动，因此具有极强的生产指导意义，适合小龙虾种养大户、经济合作组织、基层技术推广人员阅读。

需要特别说明的是，本书所用药物及其使用剂量仅供读者参考，不可照搬。在生产实际中，所用药物学名、常用名与实际商品名称有差异，药物浓度也有所不同，建议读者在使用每一种药物之前，参阅厂家提供的产品说明以确认药物用量、用药方法、用药时间及禁忌等。购买兽药时，执业兽医有责任根据经验和对患病动物的了解决定用药量及选择最佳治疗方案。

由于编者水平有限，书中不足在所难免，恳请读者批评指正。

编　者

目　录
Contents

前言

V

83　第五章　稻田养小龙虾的管理

97 第六章　水草与栽培

113 第七章　小龙虾的饲料与投喂

第一章

认识小龙虾

第一节 小龙虾的概况

小龙虾学名为克氏原螯虾，在分类学上与河蟹、河虾及对虾一起属于节肢动物门、甲壳纲、十足目。其形态与海水龙虾相似，故称为龙虾，又因它的个体比海水龙虾小而称为小龙虾（图1-1）。同时，为了和海水龙虾相区别，加上它是生活在淡水中的，因而在生产上和应用上常被称为淡水小龙虾。

图1-1　小龙虾

》》　一、小龙虾的分布　《《

小龙虾原产于北美，经过人为传播，现在小龙虾已经广泛分布在多个国家和地区。其在20世纪初期从日本传入我国，现广泛分布于我国新疆、甘肃、宁夏、内蒙古、山西、陕西、河南、河北、天津、北京、辽宁、山东、江苏、上海、安徽、江西、湖南、湖北、重庆、四川、贵州、云南、广西、广东、福建及台湾等省、直辖市、自治区，形成可供利用的天然种群。特别是长江中、下游地区生物种群量较大，是我国小龙虾的主产区。

1

二、小龙虾的形态特征

1. 外部形态

小龙虾体型稍平扁，体表包裹着一层坚厚的壳多糖（几丁质）外骨骼，主要起保护内部柔软机体和附着筋肉之用，俗称虾壳。身体由头胸部和腹部共 20 节组成，各体节之间以薄而坚韧的膜相连，使体节可以自由活动。头胸部粗大，腹部自前向后逐步变小，其中头部有 5 节，呈圆筒形，前端有一额角，呈三角形。额角表面中部凹陷，两侧有隆脊，尖端呈锐刺状。头胸甲中部有一条弧形颈沟，两侧有粗糙颗粒。胸部有 8 节，腹部有 7 节。除尾节无附肢外共有附肢 19 对。头胸部有 5 对步足，全为单枝型，第一对呈螯状，粗足退化，显得特别强大、坚厚，故称其为螯虾。雄性前两对腹足演变成钙质交接器。尾部有 5 片强大的尾扇，雌虾在抱卵期和孵化期，尾扇均向内弯曲，爬行或受敌时，以保护受精卵或幼虾免受损害（图 1-2 和图 1-3）。

图 1-2　小龙虾的外部形态　　　　图 1-3　小龙虾的腹面

2. 内部结构

小龙虾体内分为呼吸系统、消化系统、肌肉运动系统、循环系统、排泄系统、神经系统、生殖系统 7 大部分。

（1）呼吸系统　小龙虾的呼吸系统主要是鳃，共有 17 对鳃，由许多羽状鳃板、鳃丝组成。小龙虾呼吸时，口周围的附肢运动形成水流，使水进入鳃腔，水流经过鳃完成气体交换，获取氧气，排出二氧化碳。小龙虾的成虾有较强的耐低溶氧能力，在潮湿微水状态下，能存活较长时间，故能长途运输，以活虾供市。但幼虾和怀卵亲虾则不宜在过低的溶氧水体中生活。

（2）**消化系统** 小龙虾的消化系统包括口、食道、胃、肠、肝胰腺、直肠、肛门等，是小龙虾消化食物、供应小龙虾新陈代谢的主要系统。

（3）**肌肉运动系统** 小龙虾的肌肉运动系统的动作主要是由肌肉完成的，是小龙虾掘洞、交配、摄食、防卫、运动的主要系统。

（4）**循环系统** 小龙虾的循环系统是一种开放式管状循环系统，包括心脏、血液和血管。

（5）**排泄系统** 小龙虾的排泄系统由绿腺和膀胱组成，及时将体内的废物排放于体外。

（6）**神经系统** 小龙虾的神经系统包括神经节、神经和神经索。小龙虾通过神经系统的作用，调控生长、蜕壳及生殖生理过程。

（7）**生殖系统** 小龙虾雌雄异体，可以分为雄性生殖系统和雌性生殖系统，它们在小龙虾的生殖、种族延续中起着至关重要的作用（图1-4）。

图1-4 小龙虾性腺等内部器官

▶▶▶ 三、小龙虾的养殖模式 ◀◀◀

1978年美国国家研究委员会强调发展小龙虾养殖业，认为养殖小龙虾有成本低，技术易于普及，小龙虾摄食稻田、池塘中的有机碎屑和水生植物，无须投喂特殊的饵料，并且小龙虾具有生长快、产量高等诸多优点。因此，可以说小龙虾是非常重要的水产资源，人们对它的利用也做了不少研究。例如，美国探索了"稻-虾""稻-虾-豆""虾-鱼""虾-牛"等混养轮作模式，当初的养殖方式是粗放养殖、混养，后来发展到各种形式的强化养殖；欧洲进一步探索了"小龙虾-沼虾-小龙虾"的轮作模式；澳大利亚探索了强化人工养殖模式等。

我国科研工作者经过积极探索，且结合生产实践经验，也开发并推广了一些卓有成效的养殖模式。例如，安徽省就推出了具有代表性的 8 种不同类型生态种养模式，逐步形成了一种全新生态农业，产生了良好的经济效益。这 8 种模式包括："水稻-小麦-小龙虾-经济作物"兼作与轮作一体化生态立体高效种植养殖模式、池塘仿生态苗种繁育技术模式、稻虾连作技术模式、稻虾共作技术模式、茭虾生态共作技术模式、小龙虾池塘双季主养技术模式、"虾-鱼"混养技术模式和"虾-鳖"混养技术模式等。

在这几种模式中，与水稻种植和小龙虾养殖相关的技术有 3 项。一是农田"水稻-小麦-小龙虾-经济作物"兼作与轮作一体化生态立体高效种植养殖模式，符合沿淮、淮北平原稻麦轮作制，是建设稳产高效农田的治本措施，既保护了耕地，又确保了食品安全，更能稳产增收。利用该种养殖模式，每亩可产商品小龙虾 100 千克/亩（1 亩 ≈ 666.7 米^2）左右，以及优质水稻 550 千克/亩以上，可加工成有机稻虾米 350 千克，亩均产值 8000 元以上，经济效益可达 4000 元以上。二是稻虾共作技术模式，平均每亩产水稻 630 千克，小龙虾亩均产量为 90 千克，每亩综合利润 2000 元左右。三是稻虾连作技术模式，是经过对池塘养殖、稻田养殖及低洼地养殖的经验总结和技术改进，逐步形成比较稳定的配套技术，趋于完善且具有较好发展前景的高效模式。农田生态系统中以作物秸秆、再生稻植株、腐烂分解的腐殖质等各种水生植物，以及浮游生物、螺类、蚯蚓、有机碎屑、昆虫等动物作为小龙虾的辅助食物，这些动植物弥补了人工饲料中蛋白质、脂肪、碳水化合物、维生素和矿物质 5 大类主要营养物质的不足。丰富的饵料资源培育小龙虾亲本，批量繁育苗种，在不影响一季水稻生产的前提下，可亩产 100 ~ 150 千克幼虾，产值可达 2000 ~ 3000 元。这样既提高了土地产出率和产品优质率，又实现了稻、虾双丰收。

【小贴士】 稻虾连作既有传统又有前瞻，它是传统方法的继承、创新和发展，是可持续性农业技术的典型代表。目前，以安徽全椒县的发展最为出色，我们称之为"安徽模式"或"全椒模式"（图1-5），这为水稻水产可持续发展增加了新途径。

图1-5 全椒模式

四、小龙虾养殖存在的问题及解决办法

我们在调研和推广稻田养小龙虾技术时，也发现了小龙虾养殖业在发展过程中存在的一些问题：

首先，小龙虾种质有退化的现象。一方面，经过多年的养殖，稻田中的小龙虾基本上都是自繁自育，导致目前养殖的小龙虾性早熟现象较严重。过早性成熟，表现为商品虾规格较小，使养殖产量下降。我们建议在养殖过程中，要加强种质提纯复壮的工作，充分利用稻田开展小龙虾的育苗批量生产。另一方面，稻田的养殖环境不佳，养虾稻田的虾沟里的水草资源稀少，天然栖息环境恶劣，另外虾沟里的淤泥沉积造成水位过浅、水质过肥（图1-6）等，也是导致小龙虾性早熟的诱因。

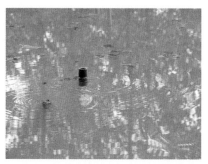

图1-6 田间沟里水质过肥、水草过少

其次，稻虾连作、共作过程中的健康养殖技术有待提升，主要是养殖标准化还没有达到全国统一。可以参照河蟹稻田养殖主要技术，并依此规范、提升小龙虾养殖技术，建立稻虾连作及种养结合的标准化模式。

再次，小龙虾上市过于集中，使养殖效益下降。由于小龙虾养殖的季节性较强，加上人们食用的习惯，每年5～10月，是全国各地小龙虾集中上市的时间，大量的鲜活成虾集中上市，导致价格下跌，使经济效益下降。

【小贴士】 我们要充分发挥稻田养殖小龙虾的优势，充分利用稻田养虾的时间差，尽可能地早上市，一方面是早期的价格较高，错开后期池塘、湖泊等水体里的小龙虾大量上市而造成的价格冲击，另一方面是不影响水稻的栽插和生长发育。

最后，应该重视小龙虾的品牌建设，着力打造种养模式的生态小龙虾品牌，以养殖特色、品牌扩大影响，做大、做强小龙虾产业。

▶▶ 五、稻田养殖小龙虾的技术攻关 ◀◀

1. 新塘、老塘对小龙虾养殖效果的影响

这里的新塘是指当年刚刚开挖环沟或田间沟，并且做好防逃设施的稻田，老塘是指已经稻虾连作 1 年以上的稻田。

比较方法是采用 3 种方法进行，最后进行相关比较得出结论。

一是在 2007 年 10 月下旬比较新、老塘内小龙虾洞穴数量，经过我们在两块相邻、面积各占 5 亩的稻田中逐一计数，最终结果是老塘中共有小龙虾洞穴 726 个，新塘中共有洞穴 547 个，老塘比新塘共多出洞穴 179 个，多 32.7%。从越冬的亲虾数量上看，老塘优势明显。

二是在 2008 年 4~5 月间连续 3 次进行苗种数量的检测，检测结果表明在同样面积的水体内，新塘的平均一次采捕小龙虾苗种数量为 1.84 千克，而在老塘中平均一次采捕小龙虾苗种数量为 2.37 千克，老塘比新塘平均一次采虫量多 0.53 千克，多 28.8%。从第 2 年的幼虾数量上看，老塘优势明显。

三是从 2008 年的全年捕捞产量上来看，在同样是 5 亩稻田中，老塘的总产量达到 593.5 千克，平均亩产 118.7 千克，新塘的总产量为 482.0 千克，平均亩产 96.4 千克，老塘比新塘每亩产量多 22.3 千克，多 23.1%。从全年的成虾产量上看，老塘优势明显。

2. 投放虾种时间对小龙虾养殖效益的影响

根据 2007 年试验田和对照田的结果，表明小龙虾的苗种投放时间不能晚于每年的 9 月 25 日，即使当年平均气温较高，也不能晚于 10 月 10 日，最佳时间是在当年的 8 月中旬，否则养殖效益非常不理想。

3. 投放虾种密度对小龙虾产量的影响

先后按每亩放种虾 15 千克、25 千克、30 千克、50 千克的密度进行投放，根据第 2 年成虾的产量和规格表明，每亩放种虾12～25 千克是最适合的，最多不要超过 30 千克，最低不能低于 10 千克。

4. 投喂饲料与否及投喂方式对小龙虾产量的影响

在 4 块同样大小的稻田进行对比，分别是投喂饲料、不投喂饲料、定点投喂和散乱投喂，结果表明，进行定点投放优质饲料的稻田小龙虾产量最高，折算为 127 千克/亩，而且规格整齐；不投喂饲料的稻田产量仅为 38 千克/亩。除去饲料费用，投喂优质饲料的稻田养殖小龙虾性价比最高，产量与效益是不投喂饲料养殖的 2.14 倍。

在饲料研制方面，根据小龙虾的自身特性，饲料不可简单地套用鱼类养殖的成鱼饲料，而应根据不同的生长阶段、不同的季节进行专门的配制。试验表明，利用专用饲料养殖小龙虾的平均规格达到 46 克/尾，最大的可达到 106 克/尾。

5. 捕捞时间、方法对生产效益的影响

经过实践证明，从每年的 4 月 10 日开始捕捞是比较合适的，一直可以延续到 6 月 25 日左右。捕捞方式采取每日轮捕、隔日轮捕和每周捕捞 1 次等几种方案。在地笼放置上采取一次性放置、每周移动地笼 1 次两种方案。结果表明：采取每日捕捞 1 次的效果最佳，但劳动量略大；地笼采取定期移动效果最佳。综合考虑，最适宜稻田连作小龙虾的捕获方式是采取隔日轮捕、每周移动地笼 1 次。

6. 水质管理对小龙虾产量的影响

在水质管理方面，我们借鉴并引用了河蟹养殖的技术，以种植水草并投放田螺的方法来调控水质。试验表明：每亩水面种植伊乐藻 250 千克时，不仅可以改善水质，还可以为小龙虾提供天然饵料和隐蔽场所，从而降低养殖成本；每亩投放中华田螺 300 千克，田螺（图1-7）吃食稻田的

图 1-7　在稻田里投放的田螺

腐殖质，不但能净化水质，而且能为小龙虾提供优质饲料，能有效地提

高小龙虾品质和规格。

7. 幼虾运输方式对小龙虾的影响

受 2008 年的雪灾影响，在试验基地的部分稻田发生了种虾偏少的情况。为了确保项目的顺利进行并进行种苗运输的试验，我们结合虾种补放的机会进行了专项试验。本试验的对象是第 2 年自然繁殖的幼虾，在针对运输问题进行了几种不同方法的试验，包括人工控温与不控温试验、运输前的暂养与不暂养试验、虾体厚度试验、人工充氧与不充氧试验等。经过一系列的试验，发现采用短时暂养、避免挤压、装运厚度不超过 3 厘米、人工控温在 15℃左右、适当保湿和间断充氧的方式，在运输距离为 300 千米、运输时间不超过 8 小时的情况下，幼虾的运输成活率最高可达到 98.2%。

在幼虾运输的规格上，我们也做了试验，结果表明经过 3 次蜕壳以后的小龙虾在运输中死亡率最低，在 8 小时以内，可以确保其成活率在 98% 左右。

8. 药害与小龙虾养殖的关系

在项目实施过程中，我们引进水稻无公害栽培技术，在保证水稻稳产、增产的基础上减少药物残留量对小龙虾产生的药害。

第二节　与稻田密切相关的小龙虾生物学特性

了解与稻田养殖小龙虾有关的小龙虾生物学特性，然后根据小龙虾的特征及习性进行养殖稻田的建设和养殖环境的营造，这个过程至关重要，直接影响稻田小龙虾养殖效益及养殖成败。

≫≫ 一、适 应 性 ≪≪

无论在温度上，还是地理位置上，小龙虾的适应性极强。小龙虾喜温怕光，昼伏夜出，为夜行性动物，营底栖爬行生活，有明显的昼夜垂直移动现象，白天光线强烈时常潜伏在水体底部光线较弱的角落，石砾、水草、石块旁，草丛或洞穴中（图 1-8），当光线微弱或夜晚时才爬出洞穴活动、摄食。

小龙虾栖息的地点常有季节性移动现象，春天水温上升，小龙虾多在浅水处活动，盛夏水温较高时就向深水处移动，冬季则在洞穴中越冬。

图1-8　水中只要有附着物，小龙虾就会利用

▶▶ 二、迁徙习性 ◀◀

小龙虾有较强的攀缘能力和迁徙能力，在水体缺氧、缺饵、污染及其他生物、理化因子发生剧烈变化而不适的情况下，特别是下大雨时，它们常常爬出水体活动，从一个水体迁徙到另一个水体，而且这种迁徙速度很快，距离也较远。

▶▶ 三、掘穴习性 ◀◀

小龙虾与河蟹很相似，有一对特别发达的螯，有掘洞穴居的习性。了解小龙虾的掘穴习性非常重要，因此本节重点探讨。

1. 掘穴地点

调查发现小龙虾掘穴能力较强，在无石块、杂草及洞穴可供其躲藏的水体，它们常在堤岸靠近水面上下挖洞穴居。

2. 掘穴形状与深度

洞穴的深浅、走向与水体水位的波动、堤岸的土质及小龙虾的生活周期有关。在水位升降幅度较大的水体和小龙虾的繁殖期，掘穴较深；在水位稳定的水体和小龙虾的越冬期，掘穴较浅（图1-9）；在生长期，小龙虾基本不掘穴。洞穴一般呈圆形，向下倾斜，且曲折方向

图1-9　田埂上的小龙虾洞穴

不定。

在滁州市全椒县和天长市对 122 例小龙虾洞穴的调查与实地测量中发现，洞穴深度为 30~80 厘米，约占测量洞穴的 78% 左右，部分洞穴的深度超过 1 米。在天长市龙集乡测量到最长的一处洞穴达 1.94 米，直径达 7.4 厘米。调查还发现横向平面走向的小龙虾洞穴才有可能超过 1 米的深度，而垂直向下的洞穴一般都比较浅。

3. 掘穴速度

小龙虾的掘穴速度非常惊人，尤其是将其放入一个新的生活环境中。2006 年，在天长市牧马湖一小型水体中放入刚收购的小龙虾，经一夜后观察，在沙壤土中，大部分小龙虾掘的新洞穴深度在 40 厘米左右（图 1-10）。

图 1-10　刚做好的田埂处的小龙虾洞穴

4. 掘穴位置

小龙虾洞穴的洞口位置通常在相对固定的水平面处，但这种选择性也会因水位的变化而变化，一般在水面上下 20 厘米的斜坡处洞口最多，这种情况在稻田中是很明显的，在田底软泥处则几乎没有小龙虾洞穴。越冬期间小龙虾会将洞口封闭。

5. 掘穴保护

小龙虾在掘好洞穴后，多数都要加以覆盖，即将泥土等物堵住唯一的入口，也有部分小龙虾洞穴不封口。据观察，这些不封口的洞穴可能是小龙虾用来迷惑敌害，或是处于进出洞的频繁期而不需封口。

6. 判断洞穴的时间

如何从一个洞穴中快速而准确地判断出小龙虾是否在洞穴中？该洞穴是否为刚打的？从洞穴周边泥土的新鲜度就可以判断出来。如果小龙虾刚刚从洞穴中出来，那么洞穴周围就会有混浊的泥水，刚刚打好的洞穴，边上的泥土是新鲜的、潮湿的（图 1-11）。

7. 掘穴作用

小龙虾怕光喜阴，光线微弱或黑暗时爬出洞穴，光线强烈或受到外界干扰时，则沉入水底或躲藏在洞穴中。尤其是当小龙虾处于蜕壳生长期和繁殖期时，其均躲在洞穴中，防止被其他动物伤害（图 1-12）。

图1-11 刚刚打好的洞穴

图1-12 小龙虾进洞穴生活

【小贴士】 小龙虾在生长期基本不掘穴，因而可在田间沟中适当增放人工巢穴，并使用相应的隐蔽技术手段，能大大减轻小龙虾对田埂的破坏。

四、温度对小龙虾的影响

小龙虾为变温水生动物，其代谢活动、酶活性和生长发育与水体温度有着密切的关系。

小龙虾对高水温或低水温都有较强的适应性，这与它的地域分布（跨越热带、亚热带和温带）是一致的。研究表明，小龙虾温度适应范围为 -15~40℃，在我国大部分地区都能自然越冬。在长江流域的冬天夜晚，将其带水置于室外，被冻住仍能成活，但小龙虾的适宜生长温度范围为15~30℃。受精卵孵化和幼体发育的水温以24~28℃为宜。水温12℃以上时生长速度加快，低于8℃或高于35℃，其活动量下降，摄食量明显减少，多数虾进入洞穴度夏、越冬。

五、水质对小龙虾的影响

水体是小龙虾生存的环境，水质的好坏直接影响着小龙虾的健康和发育，良好的水质条件可以促进虾体的正常发育。小龙虾在 pH 为5.8~8.2，温度为 -15~40℃，溶氧量不低于1.5毫克/升的水体中都能生存，在我国大部分地区都能自然越冬。最适宜小龙虾生长的水体 pH 为7.5~8.2，溶氧量为3毫克/升，水温为20~30℃，水体透明度为20~25厘米。

六、自我保护习性

小龙虾的游泳能力较差，只能做短距离的游动，常在水草丛中活动，抱住水体中的水草或抱住悬浮物将身体侧卧于水面，当受惊或遭受敌害侵袭时，便举起2只大螯摆出格斗的架势（图1-13），一旦钳住后不轻易放开，将其放到水中后才会松开。

图1-13 做出格斗架势的小龙虾

七、趋水习性

小龙虾和河蟹一样，具有很强的趋水习性，喜欢新水、活水。当进水口和排水口处有活水进入时，它们会成群结队地溯水逃跑，顺水而下的较少。在下雨时，由于受到新水的刺激，加上它们攀爬能力强，它们会集群顺着雨水流入的方向爬到岸边或停留或逃逸，因此在稻田的进出水口一定要设置好防逃设施，对进出水口管道需用80目（筛孔尺寸为0.18毫米）的筛绢进行过滤或用迭水方式进行进水（图1-14）。

图1-14 迭水方式进水

【提示】 小龙虾喜逆水，逆水上溯的能力很强，这也是它们在下大雨时常随水流爬出养殖稻田的原因之一。因此，在养殖过程中要求养殖户必须设置防逃围栏等设施（图1-15）。

图1-15 小龙虾防逃设施

八、氧气对小龙虾的影响

小龙虾利用空气中氧气的能力很强，有其他虾类不具备的本领，当水体中溶氧量减少时，便会侧卧在水面，使头胸甲一侧露出水面进行呼吸，当水体中溶氧量进一步减少时，它会用步足撑起身体，使头胸甲全部露出水面。小龙虾喜在高溶解氧条件下生长，一般水体的溶氧量在3毫克/升以上，即可满足其生长所需。当水体溶氧量不足时，它们常借助于水体中的杂草、树枝、石块等物攀缘到水体表层呼吸，夏天，常抱住水草或悬浮物，呈睡觉状，将身体偏转使一侧鳃腔处于水体表面呼吸，在水体缺氧的环境下它不但可以爬上岸来，甚至借助空气中的氧气呼吸。在阴暗、潮湿的环境条件下，小龙虾离开水体后能存活1周以上。

九、对农药反应敏感

小龙虾对重金属、某些农药（如敌百虫、菊酯类杀虫剂）非常敏感，因此养殖水体应符合国家颁布的渔业水质标准和无公害食品淡水水质标准。如用地下水养殖小龙虾，必须事先对地下水进行检测，以免重金属含量过高，影响小龙虾的生长发育。

【小贴士】 小龙虾就怕化学品，对农药、化肥、液化石油气等化学物品非常敏感，只要稻田内有这些化学物品，小龙虾就会"全军覆灭"。

十、其他环境因子对小龙虾的影响

小龙虾对水体的富营养化、低溶氧、氨氮、亚硝酸盐具有较强的耐受力，但这些因子会影响其生长。

1. 氨氮

养殖水体中的氨主要来自水生动物的排泄物和底层有机物经氨化作用产生，在水体中主要以非离子氨（NH_3）和离子氨（NH_4^+）两种形式存在。有专家认为水体中的氨氮可以影响小龙虾的生长、蜕壳、耗氧量、氨氮排泄、血淋巴中血蓝蛋白水平和总蛋白质含量，并影响细胞渗透压调节、离子浓度和 $Na^+ - K^+ - ATPase$ 酶活性。通过氨氮的胁迫降低小龙虾的抗病免疫力，同时抗体对病原体的易感染性提高，增加了疾病发生的概率。

2. 亚硝酸盐

小龙虾血液中含辅基为铜化合物的血蓝蛋白，在亚硝酸盐的作用下与血红蛋白反应，引发缺氧和清紫症状，进一步引起小龙虾的大量死亡。研究发现：小龙虾幼仔对亚硝酸盐的耐受性随接触时间的增加而显著降低，安全浓度为 1.52 毫克/升。同时还观察发现试验中最早死亡的通常是要蜕壳的、在蜕壳或刚完成蜕壳的个体。可见，亚硝酸盐对蜕壳期间的仔虾危害大。

3. 硫化氢

在养殖水体底部存在着大量的有机物，在底部溶解氧含量较低的情况下，厌氧型的硫酸盐还原菌大量繁殖，把水体及底质中的硫酸盐还原为硫化氢。硫化氢通过渗透和吸收，进入小龙虾的组织与血液，表现为缺氧的症状，也对鳃丝黏膜有很强的刺激和腐蚀作用。在养殖过程中减少硫化氢的措施主要有三点：一是养殖过程应充分增氧，不断氧化分解硫化氢；二是经常换水，干塘后清除底层淤泥；三是不断调节水体 pH，以 6.5 ~ 8.5 为宜。

十一、食性与摄食

小龙虾摄食多在傍晚或黎明，尤以黄昏为多。人工养殖条件下，经过一定的驯化，小龙虾白天也会出来觅食。小龙虾具有较强的耐饥饿能力，一般能耐饿 3 ~ 5 天；秋、冬两季一般 20 ~ 30 天不进食也不会被饿死。摄食最适的温度为 25 ~ 30℃；水温低于 15℃，活动减弱；水温低于 10℃或超过 35℃时，摄食量明显减少；水温在 8℃以下时，进入越冬期，停止摄食。在适温范围内，摄食强度随水温的升高而增加。

养殖小龙虾时，可以在水域中先投入动物粪便等有机物，作用是培养浮游生物，以作为小龙虾的饵料，但这些生物并不是小龙虾的食物。在人工养殖时，小龙虾喜欢吃的饵料主要有红虫（图 1-16）、黄粉虫、水花生、眼子菜、鱼肉等，也可投喂小杂鱼、黄豆、麦子、玉米、水草、植物根茎叶和颗粒饲料等。

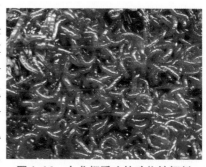

图 1-16　小龙虾爱吃的动物性饵料

【提示】　小龙虾不仅摄食能力强，而且有贪食、争食的习性。在养殖密度大或投饲量不足的情况下，小龙虾之间会自相残杀，尤其是正蜕壳或刚蜕壳的没有防御能力的软壳虾和幼虾，常常会被成年小龙虾所捕食。

十二、繁殖习性

野外条件下，小龙虾每年产卵 1 次，在 4 ~ 5 月和 9 ~ 10 月为两个主要抱卵期，每年 10 月为其自然产卵高峰期。小龙虾的产卵量少则几十粒，多则 500 ~ 1000 粒，多数个体产卵量为 200 ~ 500 粒，个体越大则产卵越多，小龙虾有护幼孵化习性（图 1-17），幼体成活率较高，1 尾亲虾可抱仔 100 ~ 300 尾。

刚孵出不久的幼虾通常在母体的保护下发育生长。温度适宜时，10 ~ 15 天后脱离母体，独立生活；温度较低时，幼虾可在母体腹部停留 2 ~ 3

图 1-17　母虾抱卵

个月，或者跟随母虾在洞穴中冬眠，直至开春后进入水体活动、觅食。

在生态环境比较适宜的情况下，幼虾经 2~3 个月的生长，体重可达 25~50 克。

十三、蜕皮习性与蜕壳行为

小龙虾与其他甲壳动物一样，体表为坚硬的几丁质外骨骼，因而其生长必须蜕掉体表的甲壳才能完成其突变性生长。在它的一生中，每蜕一次壳便能得到一次较大幅度的生长。所以，正常的蜕壳意味着生长。

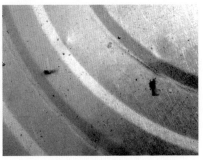

图 1-18　刚蜕皮的小龙虾幼体

小龙虾的蜕壳与水温、营养及个体发育阶段密切相关。幼虾一般 4~6 天蜕皮 1 次；离开母体进入开放性水体的幼虾每 5~8 天蜕皮 1 次；后期幼虾的蜕皮间隔一般为 8~20 天，水温高，食物充足，发育阶段早，则蜕皮间隔短。从幼虾到性成熟，小龙虾要进行 11 次以上的蜕皮（图 1-18）。其中溞状幼体阶段蜕皮 2 次，幼虾阶段蜕皮 9 次以上。

性成熟的亲虾一般一年蜕壳 1~2 次。据测量，全长 8~11 厘米的小龙虾每蜕一次壳，体长可增加 1.2~1.5 厘米。

十四、生长习性

小龙虾是一种多年生淡水虾类，多数个体的寿命仅为 2 年，少数个体的寿命为 3~4 年。小龙虾是通过蜕壳来实现体重和体长增长的，离开母体的幼虾在温度适宜（20~32℃）时，很快进入第 1 次蜕皮，每次蜕皮后其生长速度明显加快。在水温适宜、饲料充足的情况下，一般 60~90 天内体长可达 8~12 厘米，体重 15~20 克，最大可达 30 克以上的商品规格。小龙虾在幼虾阶段的体色为青灰色，性成熟或生态恶化时，体色可逐渐转变为红褐色。

9 月中旬脱离母体的幼虾平均体长约 1.05 厘米，平均体重 0.038 克，在稻田中养殖到第 2 年的 4 月，平均体长达 8.7 厘米，平均体重 24.7 克。

十五、捕 获

每年 6~8 月，是小龙虾体型最为"丰满"的时候，这时候的小龙虾壳硬肉厚，也是人们捕捞和享用它的最佳时机，最实用且有效的捕捞方式就是地笼捕捞法（图 1-19）。

图 1-19 用地笼捕捞小龙虾

第二章

小龙虾的繁殖

现在的苗种人工繁殖技术仍然处于完善和发展之中，在苗种没有批量供应之前，建议各养殖户可采用在稻田中放养抱卵亲虾（图2-1），实行自繁、自育、自养的方法，以达到苗种自供应的目的。

图2-1 抱卵的亲虾

第一节 亲虾选择

》》 一、选择时间 《《

选择小龙虾亲虾的时间一般在 8 ～ 10 月或当年 3 ～ 4 月，应直接从养殖小龙虾的池塘、稻田或天然水域捕捞。亲虾离水的时间应尽可能短，一般要求离水时间不要超过 2 小时，在室内或潮湿的环境，时间可适当长一些。

值得注意的一点就是在挑选亲虾时（图2-2），最好不要挑选那些已经附卵甚至可见到部分幼虾的亲虾（图2-3），因为这些幼虾会随着挤压或运输颠簸而被压死或脱落母体死亡，也有部分未死的亲虾或幼虾，在到达目的地后也会因打洞消耗体力而无法顺利完成生长发育。

图2-2 仔细挑选亲虾

图2-3 可见到幼虾的亲虾

▶▶ 二、雌雄比例 ◀◀

雌雄比例因繁殖方法的不同而有一定的差异，如果采用人工繁殖模式，雌雄比例以2:1为宜；半人工繁殖模式的以5:2或3:1为宜；在自然水域中以增殖模式进行繁殖的雌雄比例通常为3:1。

▶▶ 三、选择标准 ◀◀

一是雌雄性比要适当，达到繁殖要求的性别配比。

二是个体要大，达性成熟的小龙虾个体要比其他生长阶段的个体大，雌雄性个体体重都以30～40克为宜（图2-4）。

三是个体颜色呈暗红或黑红色，有光泽，体表光滑而且没有纤毛虫等附着物。那些颜色呈青色的虾，看起来很大，但它们仍属壮年虾，一般还需1～2次蜕皮后才能达到性成熟，商品价值也很高，宜作为商品虾出售。

图2-4 适宜做亲本的小龙虾

四是健康要求，亲虾要求附肢齐全，缺少附肢的虾尽量不要选择，尤其是螯足残缺的亲虾要坚决摒弃，还要亲虾身体健康无病、体格健壮、活动能力强、反应灵敏，当人用手抓它时，它会竖起身子，舞动双螯保护自己，取1尾放在地上，它会迅速爬走（图2-5和图2-6）。

图 2-5　挑选好的适宜的亲虾（雄）　　图 2-6　挑选好的适宜的亲虾（雌）

　　五是其他情况要了解，主要是了解小龙虾的来源、离开水体的时间、运输方式等。如果是药捕（如敌杀死药捕）的小龙虾，坚决不能用作亲虾，那些离水时间过长（高温季节离水时间不要超过 2 小时，一般情况下不要超过 4 小时，严格控制离水时间，要尽可能短）、运输方式粗糙（过分挤压、风吹）的市场虾不能作为亲虾。

　　六是亲虾的规格选择。部分养殖户根据自己的养殖经验认为，亲虾个体越大，繁殖能力越强，繁殖出的幼虾的质量也会越好，所以会选择大个体的虾作为种虾。但有专家在生产中发现，实际结果刚好相反。

　　经过专家详细分析认为，小龙虾的寿命非常短，我们看见的大个体的虾往往已经接近生命的尽头，投放后不久就会死亡，不仅不能繁殖，而且造成成虾数量的减少，产量也就很低。

　　【小贴士】　建议亲虾最好是 30 ~ 40 尾/千克的成虾，但一定要求附肢齐全、颜色呈暗红色或黑红色。

第二节　稻田里亲虾的培育与繁殖

　　小龙虾的繁殖方式主要是自然繁殖，现在许多科技资料介绍可用人工进行繁殖，但经过我们的试验和做的调查，这种人工繁殖技术是不成熟的，建议广大养殖户还是自繁自育、自然增殖。即使是人工繁殖的苗种，在投放时也要注意距离和时间。

　　稳定、优质的种苗来源是养殖成功的基础，每个稻虾种养殖区，可按照 1:5 的比例配备，从专门的育苗基地引种，控制分拣、运输时间在 1 小时以内，稻田繁殖以秋繁大规格幼虾为主。稻田小龙虾苗种繁育时间为 8 月中下旬至第二年 5 月中旬。

一、繁育池选址

繁育场应该选在水源充足、给排水方便、水质优良无污染、土质为黏土、交通便利、电力有保障的地方建造。不可在沙质土或土质酥松的地方建造繁育基地，以防止小龙虾掘穴后洞穴坍塌，压死小龙虾，或反复掘穴，耗费体力。

二、稻田工程

苗种繁育稻田最好形成连片区，与周边普通农田水系隔开，稻田单块面积以 10 ~ 20 亩为宜，以方便管理、投食和捕捞。沿稻田四周开挖宽 2 ~ 3 米、深 0.6 ~ 0.8 米、坡比在 1:1.5 以上的环沟，环沟占稻田面积 20% ~ 30%。进水口设置 80 目（筛孔尺寸为 0.18 毫米）双层筛绢网布，排水口设置 40 目（筛孔尺寸为 0.425 毫米）以上的密眼网罩。

三、清 野

7 月底至 8 月初，稻田环沟进水 30 ~ 50 厘米，采用茶粕清除稻田中杂鱼、黄鳝、泥鳅、水蛭等，用量为 20 ~ 25 千克/亩，使用时加水浸泡 24 小时，直接泼洒至环沟中。

四、施 肥

清野后的第 3 天，施腐熟的畜禽粪便等有机肥 200 ~ 300 千克/亩，可沿环沟四周堆置。

五、水草种植

施肥后第 2 天，沿环沟浅水处移栽轮叶黑藻、伊乐藻、水花生。沿环沟四周每隔 7 ~ 10 米设置一束水草，轮叶黑藻营养体直接栽插在环沟浅水处，每亩环沟及大田需轮叶黑藻 5 ~ 10 千克。稻田中央上，按照株行距 3 米 × 3 米移栽伊乐藻营养体。逐渐将水位加至 40 ~ 50 厘米，淹没稻茬，水草占稻田面积的 60% ~ 70%。育苗中、后期，可追施氨基酸类生物肥，以保持水草正常生长，培养天然饵料。

水草移植前，可用 10 克/米^3 的漂白粉或 20 克/米^3 的高锰酸钾浸泡 10 分钟，洗净后移栽。

随着水草活棵逐渐加深水位至高出围滩 30 厘米左右，以不淹没稻茬为准，整个冬季，保持此水位。

▶▶ 六、亲虾放养 ◀◀

7月底8月初，向环沟中投放亲虾，就近选购亲虾，亲虾规格为 30~40 克，肢体完整，活力强，硬壳且呈深红色，每亩稻田可投放 50~75 千克，雌雄比为 4:1。

经过运输的亲虾（图 2-7），用池水均匀泼洒虾体，间隔 4~5 分钟泼洒 1 次，连续 3~4 次，让其适应 15~20 分钟，降低应激。用 20 克/米^3 的高锰酸钾溶液浇淋亲虾 1 次，消毒后，将亲虾轻轻倒在稻田环沟斜坡上，让其自行爬入水中。

图 2-7 亲虾运输

【提示】 放养后第 2 天，在投放处摸底，取出死亡的虾，防止败坏水质，同时在环沟中泼洒 V$_C$ 应激灵。

▶▶ 七、亲虾投饵管理 ◀◀

饵料可选用鱼肉和河蚌肉（60%）、黄豆（20%）、玉米（10%）、小麦（10%）等的混合物，其投饵率 2%~3%，每天每亩投喂量为 1~1.5 千克；也可选用颗粒饵料，粗蛋白在 30% 以上，粒径在 3 毫米以上，日投饵率为 1%~2%，每天每亩投喂量为 0.5~1 千克；每天 18:00~19:00 投喂 1 次，沿环沟斜坡均匀投喂。根据天气、水温、水质、残饵等情况酌情增减。

▶▶ 八、排水诱导繁殖 ◀◀

10 月上旬，逐渐将田水降至环沟内，诱导小龙虾在田埂上掘穴繁殖（图2-8和图2-9）。

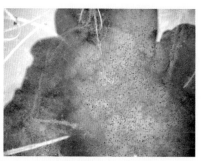

图2-8　诱导小龙虾在田埂上掘穴繁殖　　图2-9　繁殖出来的幼虾

九、越冬管理

11月中旬将田水加至30厘米以上，进入小龙虾苗种越冬管理，冬季及时清除稻田结冰和积雪。

十、疾病预防

投放亲虾后，在当年的9月，虾沟分别泼洒硫酸锌和聚维酮碘（1%）1次，可预防病虫害，其中硫酸锌溶液使得水体浓度达0.4克/米^3，第2天全池泼洒聚维酮碘（1%）溶液，每亩泼洒100~150克。

十一、捕　捞

亲虾及幼虾主要采用地笼捕捞，3月底至4月上旬开始回捕亲虾及幼虾，使用网目为1厘米×1厘米的地笼，将达到4厘米以上的幼虾分田养殖或出售。

每天傍晚沿繁育池四周放置地笼，地笼一头必须露出水面，每隔3~4小时起笼1次。

第三章

小龙虾的幼虾培育

离开抱卵虾的幼虾（图3-1）体长约为1厘米，在生产上可以直接放入稻田进行养殖了，但由于此时的幼虾个体很小，自身的游泳能力、捕食能力、对外界环境的适应能力、抵御躲藏敌害的能力都比较弱，如果直接放入稻田中养殖，则它的成活率是很低的，最终会影响成虾的预期产量。因此有条件的地方可进行幼虾培育，待幼虾经3次蜕皮后，体长达3厘米左右时，再将它们放入成虾稻田中养殖，可有效地提高成活率和养殖产量。小龙

图3-1 离开抱卵虾的幼虾

虾的幼虾培育主要有水泥池培育和土池培育两种模式。

第一节 幼虾的采捕

➤➤ 一、采捕工具 ◄◄

小龙虾幼虾的采捕工具主要是捕虾网和地笼。

➤➤ 二、采捕方法 ◄◄

网捕的方法很简单，一是用三角抄网抄捕，用手抓住草把，把抄网放在草下面，轻轻地抖动草把，即可获取幼虾。二是用捕虾网诱捕，在专用的捕虾网上放置一块猪骨头或动物内脏，待10分钟后提起捕虾网，即可捕获幼虾（图3-2）。

图 3-2 采捕的幼虾

三、运输技巧

之所以建议虾农走自繁自育的道路，尽可能不要走规模化繁殖的道路，很重要的原因就是幼虾不容易运输，运输时间不宜超过 3 小时，否则会影响成活率。实践证实，运输时间在 1.5 小时内，成活率达 70%，运输时间超过 3 小时的死亡率高达60%，超过 5 小时的，下水的幼虾几乎死光。

运输时要讲究技巧：一是要准确规划运输路线，不走弯路；二是准确计算运输时间，确保在 2 小时内；三是要确定运输方式，有的养殖户采取和河蟹大眼幼体一样的干法运输（即无水运输），实践证明，死亡率是非常高的，因此建议养殖户采用带水充氧运输的方式（图 3-3）。

图 3-3 幼虾的带水充氧运输

第二节 水泥池培育幼虾

一、培育池的建设

1. 面积

根据生产实践，培育池的面积以 100 ~ 120 米² 为宜。

2. 水泥池的建设

水泥池采用长方形或圆形均可（图3-4），要求用砖砌；池内壁要用水泥抹平，保持内侧面光滑，以免碰伤幼虾；池角圆钝无直角，以防小龙虾攀爬出来；进排水设施要完善。水泥池培育时水位控制在30~50厘米，在水位线以下的池壁要粗糙些，以利幼虾攀爬，水位线以上的部分尽可能抹光滑些，以防幼虾逃跑。为了防止幼虾攀爬逃逸，可在池壁顶部加半块砖头做成反檐。为了方便出水和收集幼虾，池底要有1%左右的倾斜度，最低

图3-4 水泥培育池

处设一个出虾孔，池外侧设集虾池，便于排水出虾。在适宜的水位上方设置平水缺，可用80目（筛孔尺寸为0.18毫米）的纱窗挡好。

3. 水泥池的消毒处理

在幼虾入池前，必须对水泥池进行洗刷和消毒，用板刷将池内上上下下刷洗2~3遍后，再用100毫克/升的漂白粉全池洗刷一遍，即达到消毒目的。新建的水泥池还需要进行去火（俗称去碱）处理，处理方法一种是用烧碱（氢氧化钠）溶液浸泡，另一种是用硫代硫酸钠处理，除去水泥中的硅酸盐后，再用漂白粉消毒方可使用。进水时，用40目（筛孔尺寸为0.425毫米）的筛绢过滤水流，以防止野杂鱼及水生敌害昆虫进入池内危害幼虾。

4. 隐藏物的设置

水泥池中要移植和投放一定数量的沉水性及漂浮性水生植物，沉水性植物可用轮叶黑藻、菹草、伊乐藻、马来眼子菜等，将它们扎成一团，然后系上小石块沉于水底，每5米²放一团。漂浮性植物可用水葫芦（凤眼蓝）、浮萍等（图3-5）。这些水生植物可供幼虾攀爬，是它们栖息和蜕皮时的隐蔽场所，还可作为幼虾的饲料，保证幼

图3-5 水葫芦等漂浮性水草

虾较高的成活率。

5. 水位控制

幼虾培育时的水位宜控制在 50 厘米。

6. 增加水体溶氧量

在培育技术高、条件好的地方，尤其是幼虾放养密度较大时，要采用机械增氧或气泡石增氧。机械增氧主要是用鼓风机通过通气管道将氧气送入水体中，包括鼓风机、送气管道和气石，根据水泥池大小和充气量要求配置罗茨鼓风机或电磁式空气压缩机。散气石选用 60～100 号金刚砂气石，每 2 米^2 设置一个。这样不仅保证了水体中较高的溶氧量，而且借助波浪的作用使幼虾能够均匀地分布于池水中。

▶▶▶ 二、培育用水 ◀◀◀

幼虾培育用水一般用河水、湖水和地下水，水质要符合国家颁布的渔业用水或无公害食品淡水水质标准。

▶▶▶ 三、幼虾放养 ◀◀◀

1. 幼虾要求

为了防止在高密度情况下，大、小幼虾互相残杀，因此在幼虾放养时，要注意同池中的幼虾规格保持一致，体质健壮，无病无伤。

2. 放养时间

要根据幼虾采捕时间而定，一般以晴天的上午 10：00 为宜。

3. 放养密度

每平方米可放养幼虾 800 尾左右。

4. 放养技巧

一是要带水操作，投放时动作要轻快，要避免使幼虾受伤（图3-6）。

二是要试温后放养。方法是将幼虾运输袋去掉外袋，将袋浸泡在水泥培育池内 10 分钟，然后转动一下再放置 10 分钟，待水温一致后再开袋放虾，确保运输幼虾水体的水温要和培育池里的水温一致。

图3-6　带水放幼虾

四、日常管理

1. 投喂工作要抓紧

每天要求定时、定点、定质、定量投喂。饲料的种类以营养价值高、易消化的豆浆、豆粉、血粉、鱼粉、蛋黄比较适宜，尤其是枝角类（图3-7）和水蚯蚓等天然活饵料为最佳，因为这类活饵既可以节约饵料，又能满足幼虾的蛋白质需要，更重要的是对水质影响较小。

要定时向池中投喂浮游动物或人工饲料，浮游动物可从池塘或天然水域捞取，也可进行提前培育。人工饲料主要是用磨碎的豆浆，或者用小鱼、小虾、螺蚌肉、蚯蚓、蚕蛹、鱼粉等动物性饲料，适当搭配玉米、小麦，粉碎混合成糜状或糊状均匀地撒在水中，等到第3次蜕皮后，可以将饵料加工成软颗粒饲料投放在水草叶面上，让幼虾爬上来摄食。每天投喂3次，具体投饵量要以水质和虾的摄食情况而定。

2. 保持良好水质

培育期间，要经常换水，控制水质，定期排污、吸出残饵及排泄物，每隔7天换水1/3，每15天用一次微生物制剂，保持清新良好的水质，使水中的溶氧量保持在5毫克/升以上。水深保持在50厘米，水温保持在25～28℃，日变化不要超过3℃。

3. 做好其他管理工作

加强巡视工作，并做好日常记录（图3-8）。

图3-7　人工培养的枝角类活饵料

图3-8　检查幼虾的培育情况

五、收获幼虾

在水泥池中收获幼虾很简单，一是用密网片围绕小水泥池拉网起捕;二是直接通过池底的阀门放水起捕,具体方法是用抄网在出水口接住,但要注意水流不能太快,否则会对幼虾造成伤害。

<h2>第三节 土池培育幼虾</h2>

土池培育的原理与方法与水泥池相似,只是土池培育的可控性和可操作性比水泥池培育差一些。

<h2>一、池塘准备</h2>

1. 池塘条件

池塘要邻近水源,水源充沛、清新,周边无工业和农业污染。池塘要求呈长方形,东西走向,长宽比为 3:1 左右,一般池宽有 5.5 米和 8.0 米两种。面积依培育数量而定,一般每池在 80~120 米²,不宜太大,坡比为 1:(2.5~3),池深 1.5~1.8 米,可储水深度为 1.0~1.2 米,塘埂宽 1 米以上,土质以壤土为好,不宜选用保水、保肥性差的沙土,底泥要少,厚度不要超过 10 厘米,在培育池的出水口一端要有 2~4 米² 的集虾坑(图 3-9)。

建池时应考虑水源与水质。要求水源充足、水质良好、清新无污染且有一定流水。水体 pH 为 6.5~8.0,以 7.0~7.4 为最好,溶氧量保持在 5 毫克/升以上,透明度为 35 厘米左右。土池应建在安静无嘈

图 3-9 培育幼虾的池塘

杂声音的地方,应选择避风向阳的场所,保证幼虾蜕皮时免受干扰。

2. 防逃设施

小龙虾逃逸能力弱于河蟹,但幼虾因身体轻便,故具有较强的攀爬逃逸能力,特别是水质恶化时,其逃逸趋势加剧,因而在育苗前就要安装防逃设施(图 3-10)。在池埂上设置防逃墙,防逃材料可选用厚塑料薄膜、40 目(筛网尺寸为 0.425 毫米)聚乙烯网片、石棉瓦等,基部入土 10~15 厘米,顶端高出埂面 30~40 厘米,40 目(筛网尺寸为 0.425 毫米)聚乙烯网片上端内外缝制 8~10 厘米的厚塑料薄膜,石棉瓦

之间咬合紧密。防逃墙与塘埂垂直，每隔100厘米处用一根木桩固定。对于培育面积不大的土池，也可以考虑选用密眼筛绢防逃。注意四角应做成弧形，防止小龙虾沿夹角攀爬外逃。进水口用 30～50 目（筛孔尺寸为 0.3～0.6 毫米）的双层筛绢网布过滤，排水口设置 40 目（筛孔尺寸为 0.425 毫米）的密眼网罩，防止昆虫、小鱼虾及卵等敌害生物随进水时入池中，同时也是防止幼虾外逃的重要措施。

图 3-10　防逃设施

》》 二、增氧设备 《《

在池塘中进行小龙虾苗种培育时，由于幼虾密度大、投饲量大、虾的排泄物多，常常会造成池塘底部的局部缺氧，因此在培育时设置增氧机是确保苗种培育成活率的关键技术之一（图 3-11）。增氧机的使用功率可依需要而选定，生产上一般按 25 瓦/米^2 的功率配备，每个培育池（面积为 150 米^2 左右）可配备功率为 250 瓦的小型增氧机 2 台，或用 375 瓦的中型增氧机 1 台，多个培育池在一起时，可采用大功率的空气压缩机。

图 3-11　人工增氧

通气管又叫输送管或增氧管，采用直径为 3 厘米的白色硬塑料管（食用塑料管为佳）制成。在塑料管上每隔 30 厘米打 2 个呈 60 度夹角的小孔，用大号缝被针经火烫后刺穿管子即可。将整条通气管设置于离池底 5 厘米处，一般与导热管道捆扎在一起放置，在池中呈 "U" 字形放置或盘旋成 3～4 圈均匀放置。在管子的另一端应用木塞或其他东西塞紧，不能出现漏气现象。也可将输送管置于距水面 20 厘米处，通过气石将氧气输送到水体的各个角落，效果很好。幼虾入池后，立即开动增氧机，不间断地向池中增氧（若增氧机使用时间过长，机体发热时，可于中午停机 1～2 小时），确保水中含有丰富的溶解氧，这有利于幼虾的生长发育。在培育幼虾时，采用增氧技术进行增氧，氧气能布满全池，大大增加了受氧面积。

📢　【小贴士】　溶解氧对幼虾的生长发育起到了关键性的作用，因而幼虾在池中的分布也比较均匀，因此最大限度地利用了水体空间及水草，也减少了幼虾自相残食的概率，提高了幼虾的成活率。

▶▶▶ 三、培育池的处理 ◀◀◀

1. 清塘消毒

对老塘应彻底干塘，清除杂草、杂物，挖去过多的淤泥，充分曝晒 7～10 天，使得塘底呈龟裂状。放幼虾前 15 天进行清池消毒，可用生石灰溶水后全池泼洒，用量为 150 千克/亩，7～10 天毒性可消除。也可加水 1 米，使用漂白粉清塘，用量为 8～10 千克/亩，化水后全池泼洒，5～6 天毒性可消除。

2. 施肥培水

每亩施充分腐熟的人畜粪肥或草粪肥 400～500 千克。幼虾喜食的天然饵料，如轮虫和枝角类、桡足类等浮游生物。可将肥料沿池塘四周多点堆放，也可结合晒塘将有机肥料埋入地下 10～15 厘米。追肥宜选用市场销售的生物肥，其用法应严格遵照使用说明，并结合应用微生态制剂，保持池水肥度。

3. 栽种水草

施基肥后，注水 20～30 厘米，在培育池中移栽的水草通常有聚草、菹草、水花生等。栽种水草的方法是：将水草根部集中在一头，一手拿一小撮水草，另一手拿铁锹挖一小坑，将水草栽入，每株间的行距为 20 厘米，株距为 15～20 厘米。水草移栽前使用 10 克/米^3 漂白粉（有效氯30%）溶液浸泡消毒 10 分钟，后用清水洗净移栽，水草面积占水面总面积的 50%～60%。随着水草活棵，逐渐加深水位，同时在培育池四周布设水花生（图 3-12）、水葫芦，间隔 4～5 米栽种一团草，用竹竿及绳子固定。

图 3-12　水花生

水草在幼虾培育中起着十分重要的作用，具体表现在：模拟生态环境、为幼虾提供摄食和隐蔽栖息场所、净化水质、提供氧气、供幼虾攀附、为幼虾遮阴和防病等。

4. 设置隐蔽物

育苗池沉性水草易受亲虾破坏，导致水草难以成活。若水草覆盖面积不足，可以利用网片、石棉瓦、砖块等作为隐蔽物（图 3-13）。隐蔽物设置前需要在水中浸泡 3 ~ 5 天后使用，网片可以用 8 号铁丝作为支架制作成呈三角形的多隔层栖息网，

图 3-13　放置隐蔽物

也可以利用竹竿作为支架制作成呈伞状的栖息物。石棉瓦的四角用砖块支撑，使石棉瓦距地面 5 厘米左右。

由于小龙虾具地盘性和相互蚕食的习性，而且小龙虾在生长过程中要经过多次蜕皮，在正常情况下，7 ~ 10 天蜕皮 1 次，每蜕皮一次，虾也增重一次，刚蜕皮的虾，活动能力减弱，易被健康的虾残杀，因此最好在虾池中投放一些树枝、水草等隐蔽物，既能有效地减少虾之间的直接接触，降低相互间的蚕食概率，还可作为虾的蜕皮、躲避鸟、蛇等天敌的场所，使其免遭侵袭，以提高成虾的成活率。实践证明，在虾池内投放隐蔽物，小龙虾的成活率可提高10% 以上。

在养殖小龙虾时，应尽可能地选择有活性的水草作为隐蔽物，实践证明隐蔽物所占面积为全池的 25% 左右为宜。还有一点是在培育池里设置隐蔽物时，四周距岸边留两三米的空地，不要从池埂处就开始设

置。这条两三米的空地是供投喂小龙虾饲料用的，因为直接投在水草丛中的饲料不易被虾全部摄食，从而造成浪费。另外，对于面积较大的池塘，可以在池塘的中间设置以网片加漂浮植物为主的隐蔽物。将大网目的旧网片裁成高1米左右，垂直挂于水中，下端距池底10厘米左右，让虾可上下爬行，上端与漂浮植物的根须相接触，使虾易于沿网片爬至根须丛中。捕捞时，可移动网片和漂浮植物进行捕捞。

▶▶ 四、其他设施 ◀◀

1. 投饵工具

磨碎小鱼，肉块，磨豆浆用的磨浆机1台，（功率为750瓦），投饵用的塑料盒、塑料桶、水勺各1个，过滤饵料的滤布1块。

2. 取苗工具

取苗工具主要是三角抄网、手推网、长柄捞和虾笼。

▶▶ 五、幼虾放养 ◀◀

幼虾放养方法同水泥池，区别在于投放的密度不同，每亩放养幼虾约10万尾（图3-14）。放养时间要选择在晴天的早晨或傍晚，要带水操作，将幼虾投放在浅水水草区，投放时动作要轻快，要避免使幼虾受伤。

图3-14　适宜放养的幼虾

▶▶ 六、不同阶段幼虾的培育管理 ◀◀

小龙虾幼虾的培育可分为4个阶段，在不同的时期有不同的培育管理工作。

（1）**培水阶段** 视育苗池水体的肥度，在繁育池四周堆放腐熟的有机粪肥，用量为 200 ~ 250 千克/亩，培育轮虫、枝角类等天然浮游生物，为幼虾提供适口的天然生物饵料。

（2）**保肥阶段** 每天傍晚和早晨，当发现大量幼虾在岸边活动时，开始泼洒豆浆，用量为 1 千克/亩，以后逐渐增加至 3 千克/亩。根据水体肥度，可适当增减豆浆的投饲量，豆浆与水混匀后，沿池边均匀泼洒，每天在 7:00 ~ 8:00、14:00 ~ 15:00、18:00 ~ 19:00 各泼洒 1 次，水体透明度控制在 20 厘米左右。

（3）**幼虾强化培育阶段** 将豆浆逐渐改为粗制豆粉、煮熟的鱼糜、肉糜，加水混匀后沿育苗池四周浅水处均匀泼洒，日投饲量占存塘幼虾重量的 10% ~ 15%，每天在 7:00 ~ 8:00、14:00 ~ 15:00、18:00 ~ 19:00 各泼洒 1 次，在深秋前将幼虾培育至 2 ~ 3 厘米。

（4）**幼虾规格提升阶段** 投喂饲料同亲虾饲料，也可投喂颗粒饲料，而谷物类饲料需混匀粉碎，日投饲量占存塘幼虾重量的 5% ~ 10%，每天在 7:00 ~ 8:00、18:00 ~ 19:00 各投喂 1 次。

▶▶ 七、日常管理 ◀◀

日常管理同水泥池培育，具体工作内容为饲料投喂、水质调控以及日常巡视等内容。

1. 饲料投喂

前期每天投喂 3 ~ 4 次，投喂的种类以鱼糜、肉糜、绞碎的螺蚌肉或天然水域捞取的枝角类和桡足类动物性饵料为主，也可投喂屠宰场和食品加工厂的下脚料及人工磨制的豆浆等。投饲量以每万尾幼虾 0.15 ~ 0.2 千克为宜，沿池通过多点片状投喂。饲养中后期要定时向池中投施腐熟的草粪肥，一般每半个月 1 次，每次投 100 ~ 150 千克/亩。同时每天投喂 2 ~ 3 次人工糜状或软颗粒饲料，日投饲量为每万尾幼虾 0.3 ~ 0.5 千克，或按幼虾体重的 4% ~ 8% 投饲，白天投饲量占日投饲量的 40%，晚上的投饲量占日投饲量的 60%。

2. 水质调控

（1）**注水与换水** 培育过程中要保持水质清新，溶解氧充足，幼虾下塘后每周加注一次新水，每次 15 厘米，保持池水"肥、活、嫩、爽",溶氧量在 5 毫克/升,注水时可将 PVC 管伸入塘中迭水添加(图 3-15),这样既可增氧又可防止小龙虾戏水外逃。

图 3-15　迭水添加的进水管道

（2）调节 pH　每半月左右泼洒一次生石灰水,每次用量为 10～15 克/米^3,进行池水水质调节和增加池水中钙离子的含量,以提供幼虾在蜕皮生长时所需的钙质。

3. 日常巡视

巡塘值班,早晚巡视,观察幼虾摄食、活动、蜕皮、水质变化等情况,发现异常及时采取措施。防逃防鼠,下雨、注水时严防幼虾溯水逃逸。在池塘周围设置防鼠网、灭鼠器械,以防止老鼠捕食幼虾。

第四节　稻田培育小龙虾苗种

▶▶ 一、稻田条件 ◀◀

稻田面积通常以 1～3 亩为宜,在稻虾共作区进行培育为佳,选择邻近水源,水源充沛清新且无污染,保水性好,排灌方便,不宜被洪水淹没的养殖区。养殖区若存在大片水稻、棉花种植区,且与水稻水源来自同一河道,则需要建立净水池,或者沿稻虾共作区四周开挖一条可以与外界水源隔开的水沟,防止稻田、棉田农药直接流入小龙虾苗种培育区,造成小龙虾苗种的药害。

▶▶ 二、田间工程 ◀◀

和养殖成虾一样,在稻田里培育小龙虾苗种,也需要做好田间工程,开挖好环沟,环沟占稻田面积的 15%～20%。稻田养殖区外围,也要设置防逃、防盗围栏。

三、清除野杂鱼

稻田中的泥鳅、黄鳝可在稻田翻耕时捕捉，田沟中小杂鱼可使用茶粕杀灭，用量为 20~25 千克/亩，使用时加水浸泡 24 小时，直接泼洒至环沟中。

四、栽植水草

栽植水草是小龙虾苗种培育中不可缺少的重要环节之一，应引起重视，千万不要以为有了稻桩就可以不用栽植水草了。水草除了是幼虾的附着物和食物外，还可以净化水质和成为幼虾蜕皮的隐蔽场所。稻田可采取伊乐藻和苦草混种的方式。

五、培育天然饵料生物

根据稻田肥度，追施腐熟的有机肥 50~75 千克/亩，保持水体肥度，透明度控制在 30~40 厘米，水色以淡茶褐色为宜。培育丰富的天然饵料生物供幼虾摄食，提高其成活率。

六、幼虾放养

在利用稻田培育小龙虾苗种时，每年的 3 月底至 4 月初，放养体色呈青褐色、活力强、人工繁育、规格为 800 尾/千克左右的幼虾 5 万~6 万尾。外购幼虾要求脱水时间不超过 2 小时，包装或运输时应避免挤压，也可加冰块降温，禁用经过多次贩运的幼虾。

七、饲料投喂

在幼虾投放后，沿环沟投喂人工饲料，饲料可选用的鱼肉和河蚌肉（60%）、黄豆（20%）、玉米（10%）、小麦（10%）等的混合物，日投饲率 4% 左右，每天可投喂 4~5 次，7 天后可以减少为 2~3 次，日投饲率也可降低为 2.5% 左右；也可选用颗粒饲料，粗蛋白在 32% 左右，粒径 3 毫米以上，日投饲率为 1%~2%，沿环沟周边及稻田种植平台均匀投饲。

⟫⟫ 八、捕　捞 ⟪⟪

培育好的小龙虾苗种可根据需要及时捕捞，一般来说，培育 15 ~ 20 天就可达标，此时可用地笼捕捞后直接放到插好秧的稻田里。如果苗种培育的稻田与大规模养殖的稻田连在一起，可以直接将两块稻田的中间田埂挖通，然后用微流水刺激，经 1 天左右，幼虾就会全部到达大田中生长了。

⟫⟫ 九、小龙虾苗种培育的两个关键问题 ⟪⟪

1. 苗种产量低

在生产实践过程中，发现许多养殖户在苗种培育时遇到的比较显著的问题就是苗种培育产量较低，造成这种结果的原因很多，经归纳总结后，体现在以下几个方面：

1）留塘亲虾数量不清，没有准确计数，只是估算，有时甚至是高估，结果导致产出的苗种数量明显低于预期。建议每个上规模的养殖户有自己的亲虾培育基地或有足够的亲虾培育稻田，在培育前要做到过数入塘，准确把关。

2）留塘种虾规格小、质量不好，导致抱卵量小，当然产出的苗种也就少。建议在挑选亲虾时，不要年年都用自己稻田里的大虾，要每隔 2 ~ 3 年从其他良种场或大水域更新一批亲虾，通过不断地杂交来提高苗种的优良品质（图3-16）。

3）由于观察不仔细或管理不到位，造成幼虾离开母体后没有及

图 3-16　不断更新亲虾

时培育而大量死亡。建议在挑选同批抱卵亲虾的同时，在临近孵化时，一定要加强观察，做到及时培育幼虾。

4）在苗种培育期间，有时池塘或稻田里的环沟底质恶化造成水体缺氧，结果导致大量幼虾种窒息死亡。建议每 1 ~ 2 年将稻田彻底清塘、清淤、曝晒、冻结 1 次，降低这种现象的发生概率。

5）整个育苗的各个阶段很随意、不规范，从而导致苗种培育时的

产量很低。建议从事小龙虾养殖的企业或养殖户，可以借鉴河蟹苗种培育的标准，从苗种培育池的标准化改造和清淤、亲虾的选配和孵化、苗种的投喂与管理等几个方面进行标准化生产与管理。

2. 越冬

小龙虾在自然生长阶段是需要越冬的，而现在有一些苗种培育单位，采取人为加温措施，让小龙虾苗种少越冬或不越冬，以延长小龙虾的养殖周期。但是在实际生产中发现，这种苗种第2年的死亡率是比较高的，故不建议采用加温措施。对小龙虾苗种的培育，应适应它的生长规律，让它们进行自然越冬。

整个冬季，幼虾池水深保持在1.2～1.5米，并在池塘四周铺设2～3厘米厚的稻草，保障幼虾安全越冬（图3-17）。冬季冰雪天气，应及时破冰及清除积雪。待第2年2～3月气温回升，及时投喂饲料，增强越冬幼虾体质，提高越冬幼虾成活率，促进幼虾快速生长；待4月气温稳定后，及时清除稻草，防止水质恶化。

图3-17 帮助幼虾越冬的水花生

第四章

稻田养殖成虾技术

稻田养殖小龙虾（图4-1）的效益可达2000元/亩左右，且具有养殖成本低、销路宽、收益快等优点，现在我国大部分地区均有养殖。

图4-1　稻田养殖小龙虾

第一节　稻田养殖小龙虾的基础

≫≫ 一、稻田养殖小龙虾的现状 ≪≪

稻田养殖小龙虾并不是新鲜事，美国早已运用各种模式开发小龙虾的养殖，稻田养殖是比较成功的一种模式。根据上海海洋大学渔业学院成永旭教授的介绍，美国路易斯安那州养殖小龙虾，首先在田里种植水稻，等水稻成熟后，放水淹没水稻，然后往稻田里投放小龙虾苗种，小龙虾以被淹的水稻为食。

由于小龙虾对水质和饲养场地的条件要求不高，加之我国许多地区都有稻田养鱼的传统，在养鱼效益不好的情况下，可推广稻田养殖小龙虾项目，达到为稻田除草、除害虫、少施化肥、少喷农药的目的。有些地区还可在稻田采取中稻和小龙虾轮作的模式，特别是那些只能种植一季的低洼田、冷浸田，采取中稻和小龙虾轮作的模式，经济效益很可观。在不影响中稻产量的情况下，每亩可产出小龙虾 100 ~ 130 千克（图 4-2）。

图 4-2　全椒模式的稻田养殖小龙虾

二、稻田养虾的原理

在稻田里养殖小龙虾，是利用稻田的浅水环境，辅以人为措施，既种稻又养虾，以提高稻田单位面积效益的一种生产形式。

稻田养殖小龙虾共生原理的内涵就是以废补缺、互利助生、化害为利。在稻田养虾实践中，人们称为"稻田养虾，虾养稻"。稻田是一个人为控制的生态系统（图 4-3），稻田养了虾，促进稻田生态系统中能量和物质的良性循环，使其生态系统又有了新的变化。稻田中的杂草、虫子、稻脚叶、底栖生物和浮游生物对水稻来说不但是污物，而且都是争肥的。如果在稻田里放养水产类动物，特别是像小龙虾这一类杂食性的虾类，不仅可以利用这些生物作为饵料，促进虾的生长，而且还消除

图 4-3　稻虾共生的高效生态养殖模式

了争肥对象，虾的粪便还为水稻提供了优质肥料。另外，小龙虾在田间栖息，游动觅食，疏松了土壤，破碎了土表"着生藻类"和氮化层的封固，有效地改善了土壤通气条件，又加速了肥料的分解，同时小龙虾在水稻田中还有除草保肥作用和灭虫增肥作用，促进了稻谷生长，从而达到虾稻双丰收的目的。

【小贴士】 稻田养虾是综合利用水稻、小龙虾的生态特点使稻虾共生、相互利用，从而使稻虾双丰收的一种高效立体生态农业，是动植物生产有机结合的典范，是农村种养殖立体开发的有效途径，其经济效益是单作水稻的 1.5～3 倍。

三、稻田养虾的特点

1. 立体种养的模范

同一块稻田中既能种稻也能养虾，把植物和动物、种植业和养殖业有机地结合起来，更好地保持农田生态系统物质和能量的良性循环，实现稻虾双丰收。小龙虾的粪便，可以使土壤增肥，减少化肥的施用。根据"全椒模式"的试验，免耕稻田养虾技术基本不用农药，每亩化肥施用量仅为正常种植水稻的1/5左右。

2. 环境特殊

一是稻田属于浅水环境（图4-4），浅水期水深仅7厘米，深水时也不过20厘米左右，因而水温变化较大，因此为了保持水温的相对稳定，环沟、虾溜等田间设施是必须要做的工程之一。二是水中溶解氧充足，经常保持在 4.5～5.5

图4-4 水浅是稻田养虾的特殊环境之一

毫克/升，且水经常流动交换，放养密度又低，所以虾病较少。

3. 养虾新思路

稻田养殖小龙虾的模式为淡水养殖增加了新的领域，它不需要占用现有养殖水面就可以充分利用稻田的空间和时间来达到增产增效的目的，开辟了养虾生产的新途径和新的养殖水域。

4. 保护生态环境，有利改良农村环境卫生

在稻田养殖小龙虾的生产实践中发现，采用低割水稻头的技术，再通过小龙虾的活动，基本上能控制田间杂草的生长，可以不使用化学除草剂；在稻田养殖小龙虾后，小龙虾会消灭绝大部分的蚊子幼虫、有害浮游生物、水稻害虫，基本上可不用或少用农药，而且使用的农药也是低毒的，否则小龙虾也无法生活。因此稻田里及附近的摇蚊幼虫密度会明显地降低，最多可下降50%左右，成蚊密度也会下降15%左右，有利于提高周边人们的健康水平。

5. 增加收入

稻田养殖小龙虾的实践表明，利用稻田养殖小龙虾后，不但改善了稻田的生态条件，促进水稻有效穗和结实率的提高，而且稻田的平均产量不但没有下降，还会提高10%~20%，同时每亩地还能收获相当数量的成虾，相对地降低了成本，增加了农民的实际收入。

▶▶▶ 四、养虾稻田的生态条件 ◀◀◀

养虾稻田为了夺取高产，获得稻虾双丰收，需要一定的生态条件作保证，根据稻田养虾的原理，养虾的稻田应具备以下几条生态条件：

1. 水温要适宜

因稻田水浅，所以水温受气温影响甚大，有昼夜和季节变化，因此稻田里的水温比池塘的水温更易受环境的影响。另外小龙虾是变温动物，它的新陈代谢强度直接受水温的影响，所以稻田水温将直接影响水稻和小龙虾的生长。为了获取稻虾双丰收，必须为它们提供合适的水温条件。

2. 光照要充足

光照不但是水稻和稻田中一些植物进行光合作用的能量来源，也是小龙虾生长发育所必需的，因此可以这样说，光照条件直接影响水稻和小龙虾的产量（图4-5）。每年的6~7月，秧苗很小，因此阳光可直接照射到田面上，使稻田水温

图4-5　充足的光照是稻田养殖小龙虾的优势

升高，浮游生物迅速繁殖，为小龙虾生长提供了饵料。水稻生长至中后期时，也是温度最高的季节，此时稻禾茂密，正好可以作为小龙虾遮阴、蜕壳、躲藏的场所，是有利于小龙虾的生长发育的。

3. 水源要充足

水稻在生长期间是离不开水的，而小龙虾的生长更是离不开水，为了保持新鲜的水质，水源的供应一定要及时充足。一是将养虾稻田选择在不断流的小河小溪旁；二是可以在稻田旁边人工挖掘机井（图4-6）；三是将稻田选择在池塘边，利用池塘水来保证水源。

图4-6 机井是人工补水的重要措施之一

如果水源不充足或得不到保障，那是万万不可养虾的。

4. 溶解氧要充分

稻田水中溶解氧的来源主要是大气中的氧气溶入和水稻及一些浮游植物的光合作用（图4-7），因而氧气是非常充足的。科研表明，水体中的溶氧量越高，小龙虾摄食量就越多，生长也越快。因此长时间地维持稻田养虾水体较高的溶氧量，可以增加小龙虾的产量。

图4-7 水草光合作用为水体提供大量氧气

要使稻田能长时间保持较高的溶氧量，一种方法是适当加大养虾水体，主要技术措施是通过挖虾溜和环沟来实现；二是尽可能地创造条件，保持微流水环境；三是经常换冲水；四是及时清除稻田中小龙虾未吃完的剩饵和其他生物的尸体等有机物质，减少它们因腐败而导致水质的恶化。

5. 天然饵料要丰富

稻田由于水浅，温度高，光照充足，溶氧量高，故适宜于水生植物生长。植物的有机碎屑又为底栖生物、水生昆虫和昆虫幼虫繁殖生长创造了条件，从而为稻田中的小龙虾提供较为丰富的天然饵料，有利于小龙虾的生长。

》》 五、稻田养虾的类型 《《

根据我国科研工作者的生产实践，以及生产的需要和各地的条件，先后开发并推广了一些卓有成效的养殖模式，主要是"稻-虾"的兼作、轮作和间作等养殖模式。

1. 稻虾兼作型

稻虾兼作（图4-8）就是边种稻边养虾，稻虾两不误，力争双丰收，在兼作中有单季稻田养虾和双季稻田中养虾的区别。单季稻田养虾，顾名思义就是在一季稻田中养殖小龙虾，这种养殖模式主要在江苏、四川、贵州、浙江和安徽等地利用较多，单季稻主要是中稻田，也有

图4-8 稻虾兼作

用早稻田养殖小龙虾的。在这些地区，有许多低洼田或冷浸田每年只种植一季中稻，在9月稻谷收割后，田地一直要空闲到第二年的6月初再栽种中稻。

【小贴士】 在冬闲季节和早春季节利用这些田养殖小龙虾或进行小龙虾的保种育种，经济效益也是非常可观的。

双季稻田养虾，顾名思义就是在同一稻田连种两季水稻，虾也在这两季稻田中连养，不需转养。用早稻和晚稻连种，这样可以有效利用一早一晚的光合作用，促进稻谷成熟，广东、广西、湖南、湖北等地利用双季稻田养殖小龙虾的较多。

【小贴士】 无论是一季稻还是两季稻，它们的相同点是在稻子收割后稻草最好还田，这可以为小龙虾提供隐蔽场所，同时稻草本身可以作为小龙虾的饵料，在腐烂的过程中还可以培育出大量天然饵料。这种养殖模式是利用稻田的浅水环境，同时种稻和养虾，也不给虾投喂饲料，让虾摄食稻田中的天然食物，这不仅不影响水稻的产量，而且每亩还可增产50千克左右的小龙虾。

2. 稻虾轮作型

稻虾轮作（图4-9）也就是种一季水稻，然后接着养一茬小龙虾的模式，做到动植物双方轮流种植养殖。稻田种早稻时不养小龙虾，在早稻收割后立即加高田埂，转而养小龙虾而不种稻。这种模式在广东、广西等地推广较快，它的优点是利用本地光照时间长的优点，当早稻

图4-9　稻虾轮作

收割后，可以加深水位，人为形成一个个深浅适宜的"稻田型池塘"，这样的话养虾时间较长，小龙虾产量也较高，经济效益非常好。

3. 稻虾间作型

稻虾间作方式利用较少，主要是在华南地区采用，就是利用稻田插秧前的间隙培育小龙虾，然后将小龙虾起捕出售，稻田单独用来栽种中稻或晚稻。

第二节　科学选址

良好的稻田条件是获得高产、优质、高效的关键之一。稻田是小龙虾的生活场所，是它们栖息、生长、繁殖的环境，许多增产措施都是通过稻田水环境作用于小龙虾，故稻田环境条件的优劣，与小龙虾的生存、生长和发育有着密切的关系，环境的好坏直接关系到小龙虾产量的高低，对于生产者而言，这是获得较高经济效益的保障，对小龙虾养殖业的发展有着深远影响。

总的来说，养殖小龙虾的稻田在选址时，既不能受到污染，又不能污染环境，还要方便生产经营、交通便利且具备良好的疾病防治条件（图4-10）。在场址的选择上重点要考虑的要点包括稻田位置、面积、地势、土质、水源、水深、防疫措施、交通、电源、稻田形状、周围

图4-10　选好稻田

环境、排污与环保等，故需周密计划，事先勘察，才能选好场址。在可能的条件下，应采取措施改造稻田，创造适宜的环境条件以提高稻田小龙虾的产量。

一、规划要求

并不是所有的稻田都能养虾，一般的环境条件主要有以下几种。

1. 面积

稻田面积少则十几亩，多则几十亩，也见上百亩的，面积大比面积小更好。

2. 自然条件

稻田选址在规划设计时，要充分勘查了解规划建设区的地形、水利等条件，有条件的地区可以充分考虑利用地势自流进排水，以节约电力成本。同时还应考虑洪涝、台风等灾害因素的影响，对连片稻田的进排水渠道、田埂、房屋等的规划也应注意考虑排涝、防风等因素。

3. 水源、水质条件

水源是小龙虾养殖的先决条件之一（图 4-11）。首先，供水量一定要充足，不能缺水，包括小龙虾养殖用水、水稻生长用水及工人生活用水。同时要确保雨季水多不漫田、旱季水少不干涸、排灌方便、无有毒污水和低温冷浸水流入；其

图4-11 水源要有保障

次，水源不能有污染，要求水质良好，要符合饮用水标准。在养殖之前，一定要先观察养殖场周边的环境，不要建在化工厂附近，也不要建在有工业污水注入区的附近。

水源分为地面水源和地下水源，无论采用哪种水源，一般应选择在水量丰足、水质良好的水稻生产区。如果采用河水或水库水等地表水作为养殖水源，要考虑设置防止野生鱼类进入的设施，以及周边水环境污染可能带来的影响，还要考虑水的质量，一般要经严格消毒以后才能使用。如果没有自来水水源，则应考虑打深井等措施获取地下水作为水源，因为在 8 ~ 10 米深的地下水，细菌和有机物相对较少。另外要考虑供水

量是否满足养殖要求，一般要求在 10 天左右能够把稻田注满且能循环用水 1 遍。因此要求农田水利工程设施要配套，有一定的灌排条件。

二、土壤、土质

根据生产经验，养殖小龙虾稻田的土质要肥沃，以壤土最好、黏土次之、沙土最劣。由于黏性土壤的保持力强、保水力也强、渗漏力差，因此这种稻田是可以用来养虾的。沙质土或含腐殖质较多的土壤，保水力差，在进行田间工程尤其是做田埂时容易渗漏、崩塌，不宜选用。含铁质过多的赤褐色土壤，浸水后会不断释放出赤色浸出物，这是土壤释放出的铁和铝，而铁和铝会将磷酸和其他藻类必需的营养盐结合起来，使藻类无法利用，也使施肥无效，水肥不起来，对小龙虾生长不利，也不适宜选用。如果表土性状良好，而底土呈酸性，在挖土时，则尽量不要触动底土。底质的 pH 也是应当考虑的一个重要因素，土壤 pH 低于 5 或高于 9.5 的地区不适宜养殖小龙虾。

三、交通运输条件

交通便利主要是考虑方便运输，如饲料的运输、养殖设备和材料的运输、种苗及成虾的运输等。如果养殖小龙虾的稻田的位置太偏僻，交通不便，不仅不利于养殖户日常的运输，还会影响客户的来往。另外，养殖小龙虾的稻田最好是靠近饲料的来源地，尤其是天然动物性饵料来源地一定要优先考虑。

第三节　田间工程建设

一、开挖虾沟

开挖虾沟（图 4-12）是科学养虾的重要技术措施之一，因稻田水位较浅，夏季高温对小龙虾的影响较大，因此必须在稻田四周开挖环沟。在保证水稻不减产的前提下，尽可能地扩大虾沟和虾溜面积，最大限度地满足小龙虾的生长需求。虾沟、虾溜的开挖面积一般不超过稻田面积的 8%，面积较大的稻田，还应开挖"田"字形或"川"字形或"井"字形的田间沟，但面积宜控制在 12% 左右。环沟距田间 1.5 米左右，环沟上口宽 3 米，下口宽 0.8 米；田间沟宽 1.5 米，深 0.5～0.8 米。虾沟既可防止稻田干涸和作为烤稻田、施追肥、喷农药时小龙虾的退避处，也是夏季高温时小龙虾栖息、隐蔽、遮阴的场所。

图 4-12 开挖虾沟

虾沟的位置、形状、数量、大小应根据稻田的自然地形和稻田面积来确定。一般来说，面积比较小的稻田，只需在田头四周开挖一条虾沟即可；面积比较大的稻田，可每隔 50 米左右在稻田中央多开挖几条虾沟，稻田周边沟较宽，田中沟较窄。

根据生产实践经验，目前使用比较广泛的田沟有以下几种。

1. 沟溜式田间沟

沟溜式田间沟（图 4-13）的开挖形式多样，可先在稻田四周内外挖一套环沟，宽 5 米，深 1 米，距离田埂 1 米左右，以免田埂塌方堵塞虾沟，沟上口宽 3 米，下口宽 1.5 米。然后在田内开挖多条"田""十""日""弓""井"或"川"字形水沟，虾沟宽 60～80 厘米，深 20～30

图 4-13 沟溜式田间沟

厘米，在虾沟交叉处挖 1～2 个虾溜，虾溜开挖成方形、圆形均可，面积为 1～4 米^2，深 40～50 厘米，总面积占稻田总面积的 5%～10%。在水温太高或偏低时，虾溜是避暑防寒的场所，在水稻晒田和喷农药、施肥时是小龙虾的隐蔽、遮阴、栖息的场所，同时虾溜在起捕时便于集中捕捉，也可作为暂养池。

2. 宽沟式田间沟

宽沟式田间沟（图 4-14）类似于沟溜式，就是在稻田进水口的一

图 4-14 宽沟式田间沟

侧田埂的内侧方向，开挖一条深 1.2 米、宽 2.5 米的宽沟，这条宽沟的总面积约占稻田总面积的 7%。宽沟的内埂要高出水面 25 厘米左右，每隔 5 米开挖一个宽 40 厘米的缺口与稻田相连通，这样的目的是保证小龙虾能在宽沟和稻田之间顺利且自由地进出。在春耕前或插秧期间，可以让小龙虾在宽沟内暂养，待秧苗返青后再让小龙虾进入稻田活动、觅食。

3. 田塘式田间沟

田塘式田间沟也叫鱼凼式田间沟，有两种形式：一种是将养虾塘与稻田接壤相通，小龙虾可在塘、田之间自由活动和吃食；另一种就是在稻田内或外部低洼处挖一个虾塘，虾塘与稻田相通，如果在稻田里挖塘，则虾塘的面积占稻面积的 10%～15%，深度为 1 米。虾塘与稻田以沟相通，沟宽、深均为 0.5 米。

4. 垄稻沟鱼式田间沟

垄稻沟鱼式田间沟是把稻田周围的沟挖宽挖深，田中间也隔一定距离挖较宽的深沟，所有较宽的深沟都通虾溜，小龙虾可在田中四处活动觅食。在插秧后，可把秧苗移栽到沟边。沟四周设置占地面积约 1/4 的水花生作为小龙虾的栖息场所。

5. 流水沟式田间沟

流水沟式田间沟是在田块的一侧开挖占总面积 3%～5% 的虾溜。接连虾溜顺着田块开挖水沟，围绕田块一周，在虾溜另一端沟与虾溜接壤，田中间隔一定距离开挖数条水沟，均与围沟相通，形成一个活的循环水体，对田中的水稻和小龙虾的生长都有很大的促进作用。

6. 回形沟式田间沟

回形沟式田间沟（图 4-15）就是把稻田的田间沟或虾沟开挖成"回"字形，这种方式的优点是在水稻生长期，实现了稻虾共生，达到既种稻又养小龙虾的目的；当稻谷成熟收割后，可以灌水，甚至完全淹没稻田的内部，以提高水体的空间，非常有利于小龙虾的养殖。其他的则与沟溜式田间沟相似。

图 4-15　回形沟式田间沟

▶▶ 二、加高、加固田埂 ◀◀

为了保证养虾稻田达到一定的水位，防止田埂渗漏，增加小龙虾活动的立体空间，有利于小龙虾的养殖，提高小龙虾产量，就必须加高、加宽、加固田埂（图4-16）。可将开挖环形沟的泥土垒在田埂上并夯实，确保田埂高达1~1.2米，宽1.2~1.5米，并打紧夯实，要求做到不裂、不漏、不垮，在满水时不能崩塌跑虾。如果条件许可，可以在防逃网的内侧种植一些黑麦草、南瓜、黄豆等植物，即可以为周边沟遮阳，又可以利用其根系达到护坡的目的。

图4-16　田埂要加固

▶▶ 三、修建田中小埂 ◀◀

为了给小龙虾的生长提供更多的空间，实践证明，在田中央开挖虾沟的同时，要多修建几条田间小埂（图4-17）。

图4-17　稻田中的田间小埂

四、设置进排水系统

小龙虾养殖的进排水系统是非常重要的组成部分，进排水系统规划建设的好坏直接影响到小龙虾养殖的生产效果和经济效益。稻田养殖的进排水渠道一般是利用稻田四周的沟渠建设而成，对于大面积连片养殖稻田的进排水总渠，在规划建设时应做到进排水渠道独立，严禁进排水交叉污染，以防止疾病传播。设计规划连片稻田进排水系统时还应充分考虑稻田养殖区的具体地形条件，尽可能采取一级动力取水或排水，合理利用地势条件设计进排水自流形式，降低养殖成本。可采取按照高灌低排的格局，建好进排水渠，做到灌得进，排得出，定期对进排水总渠进行整修消毒。稻田的进排水口应设双层防逃密网，同时也能有效地防止蛙卵、野杂鱼卵及其幼体进入稻田危害蜕壳虾。为了防止夏天雨季冲毁田埂，可以开设一个溢水口（图4-18），溢水口也用双层密网过滤，防止小龙虾乘机顶水逃走。

图4-18　稻田的溢水口

五、设置防逃设施

有许多自发性农户在稻田养殖小龙虾时，并没有在田埂上设置专门的防逃设施，但产量并没有降低，所以有人认为在稻田中可以不设防逃设施，这种观点是有失偏颇的。经过相关专家分析：第一，是因为在稻田中采取了稻草还田或稻桩较高的技术，为小龙虾提供了非常好的隐蔽场所和丰富的饵料；第二，与放养数量有很大的关系，在密度和产量不高的情况下，小龙虾互相之间的竞争压力不大，没有必要逃跑；第三，就是稻田间都没有做防逃设施，小龙虾的逃跑呈放射性，故小龙虾跑进跑出的机会是相等的，所以养殖户没有感觉到产量降低。

【提示】 如果要进行高密度的养殖，要取得高产量和高效益，在田埂上设置防逃设施是非常必要的。

防逃设施有多种，常用的有2种：第一种是安插高55厘米的硬质钙塑板作为防逃板（图4-19），将其埋入田埂泥土中约15厘米，每隔75～100厘米处用1根木桩固定，注意四角应做成弧形，防止小龙虾沿夹角攀爬外逃；第二种防逃设施是采用麻布网片、尼龙网片或有机纱窗和硬质塑料薄膜

图4-19 用钙塑板做成的防逃板

共同防逃，在易涝的低洼稻田中主要应用这种防逃方式，用高1.2～1.5米的密网围在稻田四周，用高50厘米的有机纱窗围在田埂四周，并用质量好的直径为4～5毫米的聚乙烯绳作为上纲，缝在网布的上缘，缝制时纲绳必须拉紧，针线从纲绳中穿过。然后选取长度为1.5～1.8米的木桩或毛竹，削掉毛刺，打入泥土中的一端削成锥形，或锯成斜口，沿田埂将桩打入土中50～60厘米，桩间距为3米左右，并使桩与桩之间呈直线排列，稻田的拐角处为圆弧形。将网的上纲固定在木桩上，使网高不低于40厘米，然后在网上部距顶端10厘米处再缝上一条宽25厘米的硬质塑料薄膜即可。

其他的防逃设施还有几种。例如，用竹箔上加盖网防逃，加高田埂围墙防逃，用石壁或水泥板壁防逃，用玻璃、石棉瓦、玻璃纤维板防逃等，各地的养殖户都可以根据当地的材料而科学选用。

第四节 放养前的准备工作

▶▶ 一、稻田清整 ◀◀

稻田是小龙虾生活的地方，稻田的环境条件直接影响到小龙虾的生长、发育，可以这样说，稻田清整是改善小龙虾养殖环境条件的一项重

要工作（图 4-20）。

对稻田进行清整，从养殖的角度上来看，有 6 个好处：

1. 提高水体溶氧量

稻田经一年的养殖后，环沟底部沉积了大量淤泥（一般每年沉积 10 厘米左右），如不及时清整，淤泥越积越厚，使稻田环沟水体有机质增多，大量的有机质经细菌作用氧化分解，消耗水体

图 4-20 稻田清整

中大量溶解氧，使稻田下层水处于缺氧状态。在田间沟清整时应把过量的淤泥清理出去，以降低耗氧量，达到提高水体溶氧量的目的。

2. 降低小龙虾发病的概率

淤泥里存在各种病菌，另外淤泥过多也易使水质变坏，水体酸性增加，病菌易于大量繁殖，使小龙虾抵抗力减弱。通过清整田间沟能减少水中和底泥中的各种病原菌、细菌、寄生虫等，从而降低小龙虾疾病的发生概率。

3. 杀灭有害物质

通过对稻田田间沟的清淤工作，可以减少对小龙虾尤其是幼虾的有害生物（如蛇、鼠和水生昆虫，吞食软壳虾的野杂鱼类如鲶鱼、乌鳢等及一些致病菌）。

4. 起到加固田埂的作用

养殖时间长的稻田，有的田埂因小龙虾经常性的打洞而被掏空，有的田埂会出现崩塌现象。在清整环沟的同时，可以将底部的淤泥挖起放在田埂上，拍打紧实，可以加固田埂。

5. 增大储水量

当沉积在环沟底部的淤泥得到清整后，环沟的容积便会扩大，水深也增加了，稻田的储水量也就相应增加了。

▶▶▶ 二、稻田消毒 ◀◀◀

稻田环沟的消毒至关重要，类似于建房打基础，地基打得扎实，高楼才能安全稳固，否则，就有可能发生"豆腐渣"工程的悲剧。养小

龙虾也一样，基础细节做得不扎实，就会增加养殖风险，甚至造成严重亏本的后果。消毒的目的是为消除养殖隐患，是健康养殖的基础工作，对提高种苗的成活率和种苗健康起着关键性的作用。消毒的药物选择和使用方法如下：

1. 生石灰消毒

（1）干法消毒　生石灰（图4-21）消毒可分干法消毒和带水消毒2种。通常使用干法消毒，在水源不方便或无法排干水的稻田才用带水消毒法。

图4-21　用于稻田消毒的生石灰

在虾种放养前20~30天，排干环沟里的水，留水深度5厘米左右，并不需要把水完全排干，在环沟底中间选好点位，一般每隔15米选一个点位，挖成一个个小坑，小坑的面积约1米^2，将生石灰倒入小坑，用量为40千克/亩左右，加水后生石灰会立即溶化成石灰浆水，同时会放出大量热的烟气和发出"咕嘟咕嘟"的声音，这时要趁热向四周均匀泼洒，稻田边缘和环沟中心以及洞穴都要洒到。为了提高消毒效果，最好将稻田的中间也用石灰水泼洒一下，然后再经3~5天曝晒后，灌入新水，经试水确认无毒后，就可以投放虾种。

（2）带水消毒　对于那些排水不方便或是为了抢农时，可采用带水消毒的方法。这种消毒措施速度快，效果也较好。缺点是石灰用量较大。

放虾前15天，每亩水面水深100厘米时（这时不仅仅是环沟了，因为100厘米的水深时，整个稻田都进水了，这时在计算石灰用量时，必须计算所有有水的稻田区域），用生石灰150千克溶于水中后，或是将生石灰放入大木盆、小木船、塑料桶等容器中化开成石灰浆，操作人员穿防水裤下水，将石灰浆全田均匀泼洒（包括田埂），用带水法消毒虽然工作量大一点，但它的效果很好，可以把石灰水直接灌进田埂边的鼠洞、蛇洞、泥鳅和鳝洞里，还能彻底地杀死病害（图4-22）。

2. 漂白粉消毒

（1）带水消毒 和生石灰消毒方法一样，漂白粉消毒也有干法消

图4-22 生石灰带水消毒后的田间沟

毒和带水消毒2种方式。漂白粉的用量要根据稻田或环沟内水量决定，防止用量过大把稻田里的螺蛳杀死。

在用漂白粉带水消毒时，要求水深0.5~1米，漂白粉的用量为10~15千克/亩，先用木桶或瓷盆内加水将漂白粉完全溶化后，全稻田均匀泼洒，也可将漂白粉顺风撒入水中，然后搅动田间沟里的水，使药物分布均匀。消毒后3~5天即可注入新水和施肥，再过两三天后，就可投放小龙虾进行饲养。

（2）干法消毒 在漂白粉消毒时，用量为5~10千克/亩，使用时先用木桶加水将漂白粉完全溶化后，全田均匀泼洒即可。

3. 生石灰、漂白粉交替消毒

有时为了提高效果，降低成本，就采用生石灰、漂白粉交替消毒的方法（图4-23），比单独使用漂白粉或生石灰消毒效果好，也分为带水消毒和干法消毒2种。带水消毒，田间沟的水深1米时，每亩用生石灰60~75千克加漂白粉5~7千克；干法消毒，水深在10厘米左右，每亩

图4-23 用漂白粉和生石灰交替消毒

用生石灰30~35千克加漂白粉2~3千克，化水后趁热全田泼洒。使用方法与前面两种相同，7天后即可放小龙虾苗种，效果比单用一种药物更好。

4. 漂白精消毒

漂白精干法消毒时，可排干田间沟的水，每亩用有效氯占60%~

70% 的漂白精 2 ~ 2.5 千克；带水消毒时，每亩每米水深用有效氯为 60% ~ 70% 的漂白精 6 ~ 7 千克，使用时，先将漂白精放入木盆或搪瓷盆内，加水稀释后进行全田均匀泼洒。

5. 茶粕消毒

水深 1 米时，每亩用茶粕 25 千克。将茶粕捣碎成小块，放入容器中加热水浸泡一昼夜，然后加水稀释连渣带汁全田均匀泼洒。在消毒 10 天后，毒性基本消失，便可以投放幼虾进行养殖。

6. 生石灰和茶碱混合消毒

此法适合稻田进水后用，把生石灰和茶碱放进水中溶解后，全田泼洒，每亩用量为生石灰 50 千克、茶碱 10 ~ 15 千克。

7. 鱼藤酮消毒

使用含量为 7.5% 的鱼藤酮的原液，水深 1 米时，每亩使用 700 毫升，加水稀释后装入喷雾器中全田喷洒。能杀灭几乎所有的敌害鱼类和部分水生昆虫，但其对浮游生物、致病细菌和寄生虫没有什么作用。效果比前几种药物差一些，毒性 7 天左右消失，这时就可以投放幼虾了。

8. 巴豆消毒

在水深 10 厘米时，每亩用 5 ~ 7 千克巴豆。将巴豆捣碎磨细装入罐中，也可以浸水磨碎成糊状装进酒坛，加烧酒 100 克或用 3% 的食盐水密封浸泡 2 ~ 3 天，用稻田里的水将巴豆稀释后连渣带汁全田均匀泼洒。10 ~ 15 天后，再注水 1 米深，待药性彻底消失后放养幼虾。

9. 氨水消毒

氨水消毒的方法是在水深 10 厘米时，每亩用 60 千克氨水。在使用时要同时加 3 倍左右的沟泥，目的是减少氨水的挥发，防止药性消失过快。一般是在使用一周后药性基本消失，这时就可以放养幼虾了。

10. 二氧化氯消毒

先引入水源后再用二氧化氯消毒，用量为 10 ~ 20 千克/（亩·米），7 ~ 10 天后放苗，本方法能有效杀死浮游生物、野杂鱼虾类等，防止蓝绿藻大量滋生，放虾之前一定要试水，确定安全后才可放虾。

▶▶▶ 三、解毒处理 ◀◀◀

1. 降解残毒

在运用各种药物对水体进行消毒、杀死病原菌、去除杂鱼后，稻田里会有各种毒性物质存在，这里必须先对水体进行解毒后方可用于小龙虾养殖。

解毒的目的就是降解消毒药品的残毒，以及重金属、亚硝酸盐、硫化氢、氨氮、甲烷和其他有害物质的毒性，可在消毒除杂的5天后泼洒卓越净水王、解毒超爽或其他有效的解毒药剂。

2. 防毒排毒

防毒排毒是指在养殖过程中定期有效地预防和消除各种毒害，如重金属中毒、消毒杀虫灭藻药中毒、亚硝酸盐中毒、硫化氢中毒、氨中毒、饲料霉变中毒、藻类中毒等。其中尤以重金属毒害对小龙虾养殖危害大，我们必须有清醒的认识。

常见的重金属有铅、汞、铜、镉、锰、铬、砷、铝、锑等。重金属的来源主要有两方面：第一是来自重金属超标的地下水；第二是自我污染，也就是说在养殖过程中滥用各种吸附型水质和底质改良剂等，从而导致重金属离子超标，尤其是在养殖中后期，沟底的有机物随着投饲量和小龙虾粪便及动植物尸体的不断增加。底质环境非常脆弱，受气候、溶氧量、有害微生物的影响，容易产生氨氮、硫化氢、亚硝酸盐、甲烷、重金属等有毒物质，其中的有些有毒成分可以检出，有的受条件限制无法检出，如重金属和甲烷。还有一种自我污染的途径就是由于管理的疏忽，对沟底的有机物没有及时有效处理，造成水质富营养化，产生水华和蓝藻。那些老化及死亡的藻类，以及泼洒消毒药后投喂的饵料都携带着有毒成分，且容易被小龙虾误食，从而造成小龙虾中毒。

因此我们在小龙虾的日常养殖管理工作中就要做好防毒解毒工作，从而消除养殖的健康隐患。

首先是对外来的养殖水源要加强监管，努力做到不使用污染水源；其次是在使用自备井水时，要做好曝晒的工作和及时用药物解毒的工作；再次就是在养殖过程中不滥用药物，减少自我污染。高密度养殖的稻田生态环境复杂而脆弱，潜伏着致病源的隐患，随时都威胁着小龙虾的健康养殖，因此中后期的定期解毒排毒很有必要。

▶▶▶ 四、清除稻田隐患 ◀◀◀

1. 培植有益微生物种群

培植有益微生物种群，不仅能抑制病原微生物的生长繁殖，消除健康养殖隐患，还可将沟底有机物和生物尸体通过生物降解转化成藻类、水草所需的营养盐类，为肥水培藻、强壮水草奠定良好的基础。在解毒3~5小时后，就可以使用有益微生物制剂（如水底双改、底改灵、底改王等药物），按使用说明全田泼洒，目的是快速培植有益微生物种群，用来分解消毒杀死的各种致病源，避免二次污染，消除隐患。

2. 防应激、抗应激

防应激、抗应激，无论是对水草、藻相和小龙虾都很重要。如果水草、藻相应激而死亡，那么水环境就会发生变化，会直接导致小龙虾发生连带应激反应。可以这样说，大多数的小龙虾病害是因应激反应才导致小龙虾活力减弱，病原体侵入小龙虾体内而引发的。

水草、藻相的应激反应主要是受气候、用药、环境变化（如温差、台风、低气压、强降雨、阴雨天、风向变化、夏季长时间水温高、泼洒刺激性较强的药物、底质腐败等因素）的影响而发生。为防止气候变化引起应激反应，应养成关注天气气象信息的好习惯，听天气预报预知未来3天的天气情况，当出现闷热无风、阴雨连绵、台风暴雨、风向不定、雨后初晴、持续高温等恶劣天气和水质污浊等情况时，不宜过量使用微生物制剂或微生物底改调水制剂改底，更不宜使用消毒药；同时，应酌情减料投喂或停喂，否则会刺激小龙虾产生强的应激反应，从而导致恶性病害发生，造成严重后果。

3. 做好补钙工作

在稻田养殖小龙虾过程中，有一项工作常常被养殖户忽视，但却是养殖小龙虾成功与否的不可忽视的关键工作——补钙。

1）水草、藻类生长需要吸收钙元素。钙是植物细胞壁的重要组成成分，如果稻田中缺钙，就会限制稻田里的水草和藻类的繁殖。生产中发现，在放虾前肥水时，常常会发现有肥水困难或水草老化、腐败现象，其中很重要的原因就是水中缺钙元素，导致藻类、水草难以生长繁殖。因此肥水前或肥水时需要先对稻田水体补钙，最好是补充活性钙，以促进藻类、水草快速吸收转化，使水体达到"肥、活、嫩、爽"的效果。

2）养殖用水要求有合适的硬度和总碱度，因此水质和底质的养护和改良也需要补钙。养殖用水的钙、镁含量合适，除了可以稳定水质和底质的pH，增强水的缓冲能力，还能在一定程度上降低重金属的毒性，并能促进有益微生物的生长和繁殖，加快有机物的分解矿物质化，从而加速植物营养物质的循环再生，对抢救倒藻、增强水草生命力、修复水色及调理和改善各种危险水色、底质，效果显著。

3）小龙虾的整个生长过程都需要补钙。首先是小龙虾的生长发育离不开钙。钙是动物骨骼、甲壳的重要组成部分，对蛋白质的合成与代谢、碳水化合物的转化、细胞的通透性、染色体的结构与功能等均有重要影响。其次小龙虾的生长要通过不断的蜕壳和硬壳来完成，因此需要从水体和饲料中吸收大量的钙来满足生长需要，集约化的养殖方式常使水体中矿物质盐的含量严重不足。而钙、磷吸收不足又会导致小龙虾的甲壳不能正常硬化，形成软壳病或蜕壳不遂，使其生长速度减慢，严重影响小龙虾的正常生长。因此为了确保小龙虾的生长发育和蜕壳的顺利进行，需要及时补钙。可以说，补钙固壳、增强抗应激能力，是防御病毒侵入，健康养殖的必要技术。

4. 采用生物技术培植氧源

生产实践表明，在稻虾连作共生时，由于环沟内种植了大量的水草，田畦上又有秧苗，加上人为进行肥水培藻工作，使稻田里水体中80%以上的溶解氧都是水草、秧苗、藻类产生的，因此培育优良的水草和藻相，就是培植氧源的根本做法。

利用生物培植氧源最主要的技巧就是加强对水质的调控管理，适时适当使用合适的肥料培育水草和稳定藻相。一是在放虾的时候，注重"肥水培藻，保健养种"的做法；二是在养殖的中后期注意强壮、修复水草，防止水草根部腐烂、霉变；三是在巡查稻田的时候，加强观察，在观察小龙虾的健康情况的同时也应观察水草和藻相是否正常，水体中的悬浮颗粒是否过多，藻类是不是有益的藻类，是否有泡沫，水体是不是发黏且有腥臭味，水色浓绿、泡沫稀少，藻相是否经久不变等，一旦发现问题，必须及时采取相应的措施进行处理。保护健康的水草和藻相，就是保护稻田氧源的安全，就是确保养虾成功的关键。

第五节 小龙虾放养

▶▶▶ 一、放养准备 ◀◀◀

放虾前 10～15 天，清理环沟（图4-24）和田间沟，去除浮土，修整垮塌的沟壁，每亩稻田环沟用生石灰 20 ~ 50 千克，或选用其他药物，对环沟和田间沟进行彻底清沟、消毒，杀灭野杂鱼类、敌害生物和致病菌。

培肥水体，调节水质，为了保证小龙虾有充足的活饵，可在放种虾前一个星期施有机肥，稻田中注水深 30 ~ 50 厘米，在沟中每亩施放禽畜粪肥 800 ~ 1000 千克，以培肥水质，常用的有干鸡粪、猪粪，并及时调节水质，确保养虾水体达到"肥、活、嫩、爽、清"的要求。

图 4-24　清理环沟

▶▶ 二、移栽水生植物 ◀◀

移栽水生植物，就是为了营造小龙虾适宜的生存环境，在环沟及田间沟种植沉水植物如聚草、苦草（图 4-25）、水芋、轮叶黑藻、金鱼藻、眼子菜、慈姑、水花生等，并在水面上移养漂浮性水生植物如无根萍、紫背浮萍、凤眼蓝等；但要控制水草的面积，一般水草占环形虾沟面积的 40% ~ 50%，以零星分布为好，不要使其聚集在一起，这样有利于虾沟内水流畅通无阻塞。

在稻田中移栽水草（图 4-26），一般可以分为两种情况。一种情况是在秧苗成活后移栽；另一种情况就是稻谷收获后，人工移栽水草，以供第 2 年小龙虾使用。

图 4-25　栽种苦草

图 4-26　栽种水草

▶▶ 三、放养时间 ◀◀

不论放养当年虾种，还是抱卵的亲虾，应力争一个"早"字。早放既可延长虾在稻田中的生长期，又能充分利用稻田施肥后所培养的大量天然饵料生物。常规放养时间一般在每年 10 月或第 2 年的 3 月底。也可以采取随时捕捞，及时补充的放养方式。

在水稻收割后放养（图 4-27），主要是为来年生产服务；在秧苗栽插成活后放养（图 4-28），主要是当年养成，部分可以为第 2 年服务。

图 4-27　水稻收割后放养小龙虾

图 4-28　秧苗成活后放养小龙虾

▶▶▶ 四、放养密度 ◀◀◀

放养密度是虾农最重视的问题之一，究竟多大的密度才能既兼顾产量，又能有效防止疾病，降低养殖风险呢？放养幼虾本身就是个比较复杂的问题，它涉及诸多因素，除了养殖者的技术水平、资金投入外，还与养虾稻田的面积、稻田的合理改造、换冲水的条件、幼虾的规格、混养的品种、饵料的准备等息息相关，密度过高或过低都是不适宜的。

一方面，如果稻田中的小龙虾苗种放养密度过高，除了会提高苗种的资金投入，还会带来饵料成本的增加，更重要的是生产出来的商品虾，会因密度过高，摄食不均，加上受到水质影响，使成虾规格普遍偏低；另一方面，如果放养的幼虾密度太低，稻田的使用率就会下降，不能充分发挥稻田的生产潜力，导致产量达不到预期的要求，进而使经济效益下降。

【小贴士】　放虾时一定要根据稻田实际情况，确定好合理的放虾密度，具体放养密度依据养虾稻田的条件、技术管理水平、计划产量和预期规格而定。

每亩稻田放养 20～25 千克抱卵亲虾，雌雄比为 3:1。也可待第 2 年 3 月放养幼虾，每亩稻田投放 0.8 万～1 万尾（如果无法计数时，每亩田放幼虾 25 ~ 30 千克即可）。注意抱卵亲虾要直接放入外围大沟内饲养、越冬，秧苗返青时再引诱小龙虾进入稻田生长。在 5 月以后随时补放，以放养当年人工繁殖的幼虾为主。

【提示】 如果幼虾的质量很差，它们的成活率就会降低，怎能保证养殖成功呢？有的虾农购虾时只考虑价钱，却不重视幼虾的质量；有的虾农明知幼虾质量差，却存在侥幸心理，认为只要增大幼虾数量就可以解决问题，殊不知由于幼虾质量差，成活率低，想养殖成功谈何容易。

因此幼虾的选购是至关重要的，它将会直接关系到养殖的成败，购买时，应选购健康的幼虾，大小一致、规格整齐，个体差异不明显，同批中无损伤和畸形（图 4-29）；而劣质幼虾的个体悬殊较大，同时也有大量畸形虾出现。

图 4-29　优质虾苗

>>> 五、放苗操作 <<<

小龙虾苗种的放养也要讲究技巧，并且放养技巧是必须掌握的，马虎不得。

1）先肥水再放苗，水色呈黄绿色或红褐色，透明度为 35 ~ 40 厘米。实践证明，入田后的小龙虾幼虾主要以摄食水中的浮游生物为主。因此，幼虾下池前，一定要先肥水，使幼虾下池后有充足的饵料。

2）在放虾前必须先对稻田的水质进行检测，确认安全后才能大量放虾。

3）稻田放养幼虾时，一般选择晴天早晨和傍晚或阴雨天进行，这时天气凉爽，水温稳定，有利于放养的小龙虾适应新的环境。放虾时的水温温差不宜超过3℃。

4）放养时，沿沟四周多点投放，使小龙虾幼虾在沟内均匀分布，避免因过度集中，引起缺氧，使虾窒息而亡。

5）在放养时，要注意每块稻田中放养的小龙虾幼虾最好是同一规格、同一批次的，放养的幼虾应体质健壮、无病伤（图4-30）。

图4-30　优质幼虾

6）放虾操作应缓缓进行，以免发生环境应激。

▶▶▶ 六、亲虾的放养时间 ◀◀◀

从理论上来说，只要稻田内有水，就可以放养亲虾，但从实际生产情况对比来看，放养时间在每年的8月上旬至9月中旬的产量最高。在实施"全椒模式"养虾的过程中，认为这个时间段温度比较高，稻田内的饵料生物比较丰富，为亲虾的繁殖和生长创造了非常好的条件；另外，亲虾刚完成交配，还没有抱卵，投放到稻田后刚好可以繁殖出大量的幼虾，到第2年5月便可以长成成虾。如果推迟到9月下旬以后放养，部分亲虾已经繁殖，在稻田中繁殖出来的幼虾数量相对就要少一些。另一个很重要的方面是小龙虾的亲虾最好采用地笼捕捞的虾，9月下旬以后小龙虾的运动量下降，用地笼捕捞的效果不是很好，购买亲虾的数量就难以保证。

📢 【提示】　根据稻田养殖小龙虾的特点及多年来的生产实践经验，建议养殖户要趁早购买亲虾，时间应在每年的8月初（图4-31），最迟不能晚于9月25日。

由于亲虾放养与水稻移植有一定的时间差，因此暂养亲虾是必要的。目前常用的暂养方法有网箱暂养及田头土池暂养。网箱暂养时间不宜过长，否则会折断小龙虾的附肢且易出现互相残杀现象严重，因此建议在稻田的一头开辟土池暂养，具体方法是亲虾放养前半个月，在稻田田头开挖一条面积占稻田面积2%~5%的土池，用于暂养亲虾（图4-32）。待秧苗移植一周且禾苗成活返青后，再将暂养池与稻田挖通，并用微流水刺激，促进亲虾进入大田生长，本法通常称为稻田二级养虾法。利用此种方法可以有效地提高小龙虾的成活率，也能促进小龙虾适应新的生态环境。

图 4-31　8 月时宜放养的亲虾

图 4-32　抱卵亲虾

七、投喂管理

通过施足基肥，适时追肥，培育大批枝角类、桡足类及底栖生物，同时在 3 月还应放养一部分螺蛳（每亩稻田 150～250 千克），并且移栽足够的水草，为小龙虾生长发育提供丰富的天然饵料。一般情况下，在人工饲料的投喂上，按动物性饲料 40%、植物性饲料 60% 来配比。投喂时也要实行定时、定位、定量、定质的投饵技巧。早期每天分上午、下午各投喂 1 次；后期在傍晚 18:00 再投喂 1 次。投喂饵料品种多为小杂鱼、螺蛳肉、河蚌肉、蚯蚓、动物内脏、蚕蛹，配喂玉米、小麦、大麦粉。还可投喂适量植物性饲料，如水葫芦、无根萍、浮萍等。日投喂饲料量为虾体重的 3%～5%。平时要坚持勤检查虾的吃食情况，当天投喂的饲料在 2～3 小时内被吃完，说明投饲量不足，应适当增加投饲量，如在第 2 天还有剩余，则投饲量要适当减少。

对于田中的虾沟较大，投喂不方便的稻田，可以用小船（图 4-33）来帮助投饲，以提高效率。

图 4-33　用来喂食和检查的小船

▶▶▶ 八、加强其他管理 ◀◀◀

稻田养殖小龙虾的技术会牵涉气象、水质、饲料、小龙虾的活动情况等因素，这些因素会相互影响，并时时互动。养殖小龙虾时，要求养虾者全面了解生产过程和各种因素之间的联系，细心观察、积累经验、摸索规律，根据具体情况的变化，采取与之相适应的养殖技术措施，控制稻田的环境生态，实现稳产、高产。除了做好以上的几点工作外，还必须做到建好养殖档案、勤巡田、勤检查、勤研究和勤记录等工作。

1. 建立养殖档案

养殖档案是有关养虾各项措施和生产变动情况的简明记录，作为分析情况、总结经验、检查工作的原始数据，也为下一步改进养殖技术、制订生产计划做参考。要实行科学养殖，一定要做到每块稻田都有养殖档案。

2. 做好看管工作

做好人工看守工作，这主要是为了防盗、防逃。

3. 建立巡田检查制度

勤做巡田工作，检查虾沟、虾窝，发现异常及时采取对策，早晨主要检查有无残饵，以便调整当天的投饲量。中午要测定水温、pH、氨氮、亚硝酸氮等有害物，观察田水变化。傍晚或夜间主要是观察了解小龙虾活动及吃食情况。经常检查维修加固防逃设施，台风、暴雨时应特别注意做好防逃工作，检查堤埂是否塌漏，平水缺、拦虾设施是否牢固，防止逃虾和敌害进入。

4. 加强蜕壳虾的管理

稻田中始终保持有较多的水生植物，可以通过投饲、换水等措施，促进小龙虾群体集中蜕壳。大批虾蜕壳时严禁干扰，蜕壳后及时添加优质适口饲料，促进生长，严防因饲料不足而引发小龙虾之间的相互残杀。

5. 水草的管理

根据水草的长势，及时在浮植区内泼洒速效肥料。肥液浓度不宜过高，以免造成肥害。如果水花生高达25～30厘米时，就要及时收割，收割时须留茬5厘米左右。其他的水生植物，也要保持合适的面积与密度（图4-34和图4-35）。

图 4-34 充足
的水草供蜕壳虾用

图 4-35 加强水草管理

第六节 保健养螺蛳

一、稻田中放养螺蛳的作用

螺蛳是小龙虾很重要的动物性饵料（图 4-36）。螺蛳的价格较低，来源广泛，全国各地几乎所有的水域中都会自然生存大量的螺蛳。向稻田中投放螺蛳，一方面可以改善稻田底质，净化底质；另一方面可以补充动物性饵料，具有明显降低养殖成本、增加产量、改善小龙虾品质的作用，从而提高养殖户的经济效益，所以这两点至关重要。在饲养过程中，螺蛳既能为小龙虾的整个生长过程，提供源源不断的、适口的、富含活性蛋白质和多种活性物质的天然饵料，可促进小龙虾快速生长，提高成虾上市规格。同时，螺蛳壳与贝壳一样是矿物质饲料，主要能提供大量的钙质，对促进小龙虾的蜕壳能起到很大的辅助作用。

图 4-36 螺蛳

【小贴士】 在稻田中进行稻虾连作共生时，适时、适量投放活的螺蛳，利用螺蛳自身繁殖力强、繁殖周期短的优势，任其在稻田里自然繁殖，在稻田里大量繁殖的螺蛳可以吃食浮游动物残体和细菌、腐屑等，因此能有效地降低稻田中浮游生物含量，起到净化水质、维护水质清新的作用。这就是在螺蛳和水草比较多的稻田环沟里，水质一般都比较清新、爽嫩的原因。

二、螺蛳的选择

螺蛳可以在市场上直接购买，而且每年在养殖区里都有专门贩卖螺蛳的商户，但是对于条件许可、劳动力丰富的养殖户，最好是自己到沟渠、鱼塘、河流里捕捞，这既方便又能节约资金，更重要的是从市场上购买的螺蛳不新鲜，活动能力差。

如果是购买的螺蛳，要认真挑选，要注意选择优质的螺蛳（图4-37），可以从以下几点来选择。

图4-37 优质螺蛳

1）要选择螺色青淡、壳薄肉多、个体大、外形圆、螺壳无破损、厣片完整者。

2）要选择活力强的螺蛳，可以用手或其他东西来测试一下。受惊时螺体能快速收回壳中，同时厣片能有力地紧盖螺口，那么就是优质的螺蛳，反之则不宜选购。

3）要选择健康的螺蛳，螺蛳是病菌或病毒的携带和传播者，因此，保健养螺蛳是健康养殖小龙虾的关键所在。螺蛳体内最好没有水蛭（蚂蟥）等寄生虫。另外，购买螺蛳时，要避开血吸虫病易感染的地区。

4）选择的螺蛳壳要光洁细嫩，壳坚硬不利于后期小龙虾摄食。

5）引进螺蛳不能在寒冷结冰的天气，为避免螺蛳冻伤死亡，要选择气温相对高的晴好天气。

三、螺蛳的放养

从近几年众多小龙虾养殖效益非常好的养殖户那里得到的经验总结

看，以分批放养螺蛳为好，可以分2次放养，总量在150～200千克/亩（图4-38）。

第1次放养是在3月左右，投放螺蛳50～100千克/亩，量不宜太大。如果量大，则水质不易肥起来，容易滋生青苔、泥皮等。投放螺蛳应以母螺蛳占多数，一般雌性大而圆，雄性小而长，外形上主要从头部触角上加以区分，雌螺左右两触角大小相同且向前伸展；雄螺的右触角较左触角粗而短，末端向内弯曲，其弯曲部分即为生殖器官。

图4-38 投放到稻田里的螺蛳

第2次放养是在清明前后，也就是在四五月之间，投放量为100千克/亩。有条件的养殖户最好放养仔螺蛳，这样更能净化水质，利于水草的生长。到了六七月，螺蛳开始大量繁殖，仔螺蛳可附着于稻田的水草上，因为它们稚嫩鲜美，而且营养丰富，利用率很高，是小龙虾最适口的饵料，正好适合小龙虾生长旺期的需要。

▶▶▶ 四、保健养螺蛳 ◀◀◀

1）在投放螺蛳前1天，使用合适的生化药品来改善底质，活化淤泥，给螺蛳创造良好的底部环境，减少螺蛳携带有害病菌的概率。可使用六控底健康1包，用量为3～5亩/包。

2）在投放时应先将螺蛳洗净，并用对螺蛳刺激性小的药物对螺蛳进行消毒，目的是杀灭螺蛳身上的细菌及寄生虫，然后把螺蛳放在新活菌王100倍的稀释液中浸泡1个晚上。

3）在放养螺蛳的3天后，使用健草养螺宝（1桶用8～10亩）来肥育螺蛳，增加螺蛳肉质质量和口感，为小龙虾提供优良的饵料，以增强体质。以后将健草养螺宝配合补钙（如生石灰等），定期使用。

4）在高温季节，每5～7天可使用改水改底的药物，控制病毒和病菌在螺蛳体内的寄生和繁殖，从而大大减少携带和传播。

5）为了有利于水草的生长和保护螺蛳的繁殖，在小龙虾入田前最好用网片将田间沟的一部分圈起来作为暂养区，面积可占稻田田间沟的

5%左右，待水草覆盖率达40%~50%、螺蛳繁殖已达一定数量时再撒除，一般暂养至4月，最迟不超过5月底。

第七节 水稻栽培技术

在稻虾连作共生种养中，水稻的适宜栽种方式有两种，一种是手工栽插，另一种就是采用抛秧栽种。综合多年的经验和实际用工以及栽秧时对小龙虾的影响因素，建议采用免耕抛秧技术。

稻田免耕抛秧技术是指不改变稻田的形状，在抛秧前未经任何翻耕犁耙的稻田，待水层自然落干或排浅水后，将钵体软盘或纸筒秧培育出带土块的秧苗抛栽到大田中的一项新的水稻耕作栽培技术，这是免耕抛秧的普遍形式，也是非常适用于稻虾连作共生的模式，是将稻田养虾与水稻免耕抛秧技术结合起来的一种稻田生态种养技术（图4-39）。

图4-39 应用免耕抛秧技术的稻田

▶▶▶ 一、水稻品种选择 ◀◀◀

由于免耕抛秧具有秧苗扎根较慢、根系分布较浅、分蘖发生稍迟、分蘖速度略慢、分蘖数量较少等生长特点，加上养虾稻田一般只种一季稻，故选择适宜的高产优质杂交稻品种是非常必要的。水稻品种要选择分蘖及抗倒伏能力较强、叶片开张角度小，叶片修长、挺直，根系发达、茎秆粗壮、抗病虫害且耐肥性强的紧穗型且穗型偏大的高产优质杂交稻组合品种（图4-40），生育期一般为135~140天的品种。

由于稻虾连作，小龙虾适宜的投放时间在当年的8月中旬至9月25日，起捕时间集中在3月20日至6月10日，也就是说，中稻要栽得迟、收得早，所以稻虾连作的稻田应选择生育期短的早中熟中稻品种，如杂交粳稻9优418（天协1号），杂交中籼稻徽两优6号、丰两优6号、皖稻181号、中浙优608、Q优108、培两优288、Ⅱ优63、D优527、两优培九、川香优2号等。

【提示】 为了确保水稻的收成和小龙虾的养殖两不误，一定要注意三件事。一是水稻的生长期不能超过145天；二是栽秧最迟不要超过6月20日；三是如果采用撒播或直播法，一定要将秧龄期算在内，小龙虾收获时间也要提前20天左右。

图4-40 优质稻种

二、育苗前的准备工作

免耕抛秧育苗方法与常规耕作抛秧育苗方法大同小异，但前者对秧苗素质的要求更高。

1. 苗床地的选择

免耕抛秧育苗床地比一般育苗要求要略高一些。在苗床地的选择上，要求选择没有被污染且无盐碱、无杂草的土地。由于水稻在苗期的生长离不开水，因此要求苗床地选择在的进排水良好且土壤肥沃，在地势上要平坦高燥、背风向阳、四周要有防风设施的地方（图4-41）。

2. 育苗面积及材料

根据以后需要抛秧的稻田面积来计算育苗的面积，一般按1:（80～100）的比例，也就是说育1亩地的苗可以满足80～100亩的稻田栽秧需求。

图4-41 苗床地的选择与清理

育苗用的材料有塑料棚布、架棚木杆、竹皮子，每公顷（1公顷＝10000米^2）400～500个的秧盘（钵盘），另外还需要浸种灵、食盐等。

3. 苗床土的配制

苗床土的配制原则是疏松、肥沃，营养丰富、养分齐全，手握时有团粒感，无草籽和石块，更重要的是要求配制好的土壤渗透性良好、保水保肥能力强、偏酸性等（图4-42和图4-43）。

图4-42 配制苗床土

图4-43 将配制好的苗床土撒在育苗床上

三、种子处理

1. 晒种

晒种应选择晴天，在干燥平坦地上平铺席子，或将其在水泥场摊开，将种子放在上面，厚度为1寸（1寸≈3.33厘米），晒2~3天。为了是提高种子活性，需要白天晒种，晚上再将种子装起来，在晒的时候要经常翻动种子。

2. 选种

选种是保证种子纯度的最后一关，主要是去除稻种中的瘪粒和秕谷，种植户自己可以做好处理工作。先将种子下水浸6小时，多搓洗几遍，捞除瘪粒。去除秕谷的方法也很简单，就是用盐水选种。方法是先配制盐水（比例1:13）待用，根据计算，一般可用约501千克水加12千克盐就可以制备出来，再用鲜鸡蛋进行盐度测试，鸡蛋在盐水中露出水面5分钱硬币厚度就可以了。把种子放进盐水液中，去掉秕谷，之后再捞出稻谷洗2~3遍即可（图4-44）。

图4-44 选好的种子

3. 浸种消毒

浸种的目的是使种子充分吸水以利发芽。消毒的目的是通过对种子发芽前的消毒，来防止恶苗病的发生。目前在农业生产上用于稻种消毒的药剂很多，平时使用较为普遍的就是恶苗净（又称多效灵）。这种药物对预防发芽后的秧苗发生恶苗病的效果极好，使用方法是，取恶苗净100克，加水50千克，搅拌均匀，然后浸泡稻种40千克，在常温下浸种5~7天（气温高时浸泡时间应短些，气温低时浸泡时间应长些），浸后不用清水洗可直接催芽播种。

4. 催芽

催芽是稻虾连作、共作的一个重要环节，就是通过一定的技术手段，人为地催促稻种发芽，这是确保稻谷发芽的关键步骤之一。生产实践证明，温度在28~32℃的条件下进行催芽时，能确保发出来的苗芽整齐一致。一些大型的种养户现在都有了催芽器，使用催芽器进行催芽效果最好。没有催芽器时，也可以通过一些技术手段来达到催芽的目的，常见的方法是在室内地面上、火炕上或育苗大棚内催芽，效果也不错，并且经济实用。

四、播　种

1. 架棚、做苗床

一般用于水稻育苗棚的规格是宽5~6米，长20米，每棚可育秧苗100米^{2}左右。为了更好地吸收太阳的光照，促进秧苗的生长发育，架设大棚时以南北向较好。

可以在棚内做2个大的苗床，中间的步道，宽30厘米，方便人员操作和查看苗情，四周为排水沟，便于及时排除过多的雨水，防止发生涝渍。每平方米施腐熟农肥量为10~15千克/米^2，浅翻8~10厘米，然后搂平，浇透底水（图4-45）。

2. 播种时期的确定

根据当地当年的气温和品种成熟期确定适宜的播种日期。这是因为气温决定了稻谷的发芽，而水稻发芽最低温为10~12℃，因此只有当气温稳定通过6℃时方

图4-45　建架棚、做苗床

可播种，时间一般在 4 月上中旬。

3. 播种量的确定

播种量直接影响到秧苗素质，一般来说，稀播能促进培育壮秧。一般来说，旱育苗每平方米播干籽量为 150 克（3 两），芽籽 200 克（4 两）。机械插秧盘育苗的，每盘 100 克（2 两）芽籽。钵盘育苗的，每盘 50 克（1 两）芽籽。超稀植栽培，每盘播 35～40 克（0.7～0.8 两）催芽种子。总之播种量一定要严格掌握，不能过大，对育壮苗和防止立枯病极为有利。

4. 播种方法

稻谷播种的方法通常有 3 种。

（1）隔离层旱育苗播种 在浇透水的苗床上铺打孔（孔距为 4 厘米，孔径为 4 毫米）塑料地膜，接着铺 2.5～3 厘米厚的营养土，浇 1500 倍敌克松液 5～6 千克/米^2，盐碱地区可浇少量酸水（pH 为 4.0），然后用人工播种。播种要均匀，播后轻轻压一下，使种子和床土紧贴在一起，再均匀覆土 1 厘米，然后用苗床除草剂封闭。播后在上边再平铺地膜，以保持水分和温度，以利于整齐出苗。

（2）秧盘育苗播种 秧盘（长 60 厘米，宽 30 厘米）育苗，每盘装营养土 3 千克，浇水 0.75～1 千克。播种后每盘覆土 1 千克，置床要平，摆盘时要盘盘挨紧，然后用苗床除草剂封闭，而后上面平铺地膜（图 4-46）。

图 4-46 秧盘育苗播种

（3）钵盘育苗播种 钵盘规格有 2 种，一种是每盘有 561 个孔的，另一种是每盘有 434 个孔的。目前常规耕作抛秧育苗所用的塑料软盘或纸筒的孔径较小，育出的秧苗带土少，抛到免耕大田中秧苗扎根迟、立苗慢、分蘖迟且少，不利于秧苗的前期生长，也不利于小龙虾及时进入大田生长，因此在进行稻虾连作共生精准种养时，宜改用孔径较大的钵盘育苗，可提高秧苗素质，有利于促进秧苗的扎根、立苗及叶面积发展、干物质积累、有效穗数增多、粒数增加及产量的提高。由于后一种育苗钵盘的规格能育大苗，因此提倡用 434 个孔的钵盘，每亩大田需用塑盘 42 ~ 44 个；育苗纸筒的孔径为 2.5 厘米，每亩大田需用纸筒 4 册（每册 4400 个孔）。播种的方法是先将营养床土装入钵盘，浇透底水，用小型播种器播种，每孔播 2 ~ 3 粒（也可用定量精准的播种器），播后覆土刮平。

五、秧田管理

俗话说"秧好一半稻"。育秧的管理技巧是：要稀播，前期干，中期湿，后期上水，培育带蘖秧苗，秧龄 30 ~ 40 天，可根据品种生育期长短，秧苗长势而定。因此秧苗管理要求管的细致，一般分 4 个阶段进行。

第 1 阶段是从播种至出苗时期。这段时间主要是做好大棚内的密封保温、保湿工作（图 4-47），保证出苗所需的温度和湿度，要求大棚内的温度控制在 30℃ 左右。这一阶段的水分控制是重点，如果发现苗床缺水时就要及时补水，确保棚内的湿度达到要求（图 4-48）。

图 4-47 播种后盖上薄膜

图 4-48 加强早期的水分管理

第 2 阶段是从出苗开始到出现 1.5 叶期。在这个阶段，秧苗对低温的抵抗能力比较强，管理的重心是注意床土不能过湿，因为过湿的床土会影响秧苗根的生长，因此在管理中要尽量少浇水；同时还要控制好温度，以 20 ~ 25℃ 为宜，在高温晴天时要及时打开大棚的塑料薄膜，通风降温。另外，这一阶段的管理工作还要防止苗枯或烧苗现象的发生。

第 3 阶段是从 1.5 叶到 3 叶期。这一阶段是在秧苗离乳期的前后，也是立枯病和青枯病的易发期，更是培育壮秧的关键时期，所以这一时期的管理工作千万不可放松。由于这一阶段秧苗的特点是对水分最不敏感，对低温的抗性强。因此，在管理时，应将床土水分控制在一般旱田的状态，平时保持床面干燥就可以了，只有当床土出现干裂现象时才能浇水，这样做的目的是促进根系发达，生长健壮。棚内的温度控制在20~25℃，在遇到高温晴天时，要及时通风炼苗，防止秧苗徒长（图4-49和图4-50）。

图4-49 加强秧苗中期的管理

图4-50 注意对烧苗的预防

第4阶段是从3叶期开始直到插秧或抛秧。水稻采用免耕抛秧栽培时，要求培育带蘖壮秧，秧龄要短，适宜的抛植叶龄为3~4片叶，一般不要超过4.5片叶。抛后大部分秧苗倒卧在田中，适当地进行小苗抛植，有利于秧苗早扎根，较快恢复直生状态，促进早分蘖，延长有效分蘖时间，增加有效穗数。这一时期的重点是做好水分管理工作，因为这一时期不仅秧苗本身的生长发育需要大量水分，而且随着气温的升高，蒸发量也会增大，培育床土也容易干燥，因此浇水要及时、充分，否则秧苗会干枯甚至死亡。由于临近插秧期，这时外部气温已经很高，基本上达到秧苗正常生长发育所需的温度条件，所以大棚内的温度宜控制在25℃以内。在中午时应全部掀开大棚的塑料薄膜，保持通风，棚裙白天可以放下来，晚上外部温度在10℃以上时可不盖棚裙。为了保证秧苗进入大田后的快速返青和生长，一定要在插秧前3~4天追施一次"送嫁肥"，每平方米苗床施硫铵50~60克，兑水100倍，然后用清水清洗1次。还需要注意的是为了预防潜叶蝇，在插秧前应用40%乐果乳液兑水800倍，在无露水时进行喷雾。插前应先拔一遍大草。

六、培育矮壮秧苗

在进行稻虾连作共生精准种养时，为了兼顾小龙虾的生长发育和在稻田活动时对空间和光照的要求,我们在培育秧苗时,旱育秧搞好苗床配肥、增加秧田面积、普施壮秧剂、降低播量、提早追肥,幼秧窄墒稀播精管,秧龄30天;两段育秧1~2株规格寄秧,总秧龄40天,培育矮壮秧苗(图4-51)。为了达到秧苗矮壮、增加分蘖和根系发达的目的,可适当应用化学调控的措施,如使用多效唑、烯效唑、ABT生根粉、壮秧剂等。目前,育秧最常用的化学调控剂是多效唑,使用方法如下:

图4-51 培育的矮壮秧苗

(1)拌种 按每千克干谷种用多效唑2克的比例计算多效唑用量,加入适量水将多效唑调成糊状,然后将经过处理、催芽破胸露白的种子放入拌匀,稍干后即可播种。

(2)浸种 先浸种消毒,然后按每千克水加入多效唑0.1克的比例配制成多效唑溶液,将种子放入该药液中浸泡10~12小时后催芽。这种方式对稻虾连作共生精准种养的育秧比较适宜。

(3)喷施 种子未经多效唑处理的,应在秧苗的一叶一心期用0.02%~0.03%的多效唑药液喷施。

▶▶▶ 七、抛秧移植 ◀◀◀

1. 施足基肥

科学配方施肥,增施有机肥(图4-52)。亩产600千克,一般施纯氮肥15千克/亩,磷、钾素6~10千克/亩。氮肥中基蘖肥与穗肥的比例,籼稻为7:3,粳稻为6:4。养虾稻田基肥要增施有机肥,如施腐熟菜籽饼50千克/亩等;化肥施用25%三元复合肥50千克/亩、碳铵25千克/亩或尿素7.5千克/亩。栽后7天结合化学方法清除杂质,施分蘖肥尿素10千克/亩。抽穗前18天左右,施保花穗肥尿素6千克/亩加钾肥5千克/亩。

施用有机肥料,可以改良土壤,培肥地力,因为有机肥料的主要成分是有机质，秸秆的有机质含量达 50% 以上，猪、马、牛、羊、禽类粪便等有机质含量为 30%~70%。有机质是农作物养分的主要资源，还有改善土壤的物理性质和化学性质的功能。

图 4-52　施足水稻专用基肥

2. 抛植期的确定

抛植期要根据当地温度和秧龄确定，免耕抛秧适宜的抛植叶龄为 3~4 片叶，各地要根据当地的实际情况选择适宜的抛植期，在适宜的温度范围内，提早抛植是取得免耕增产的主要措施之一。

【提示】　抛秧应选在晴天或阴天进行，避免在北风或雨天中抛秧。抛秧时大田保持泥皮水，水位不要过深。

3. 抛植密度

抛植密度要根据水稻品种特性、秧苗秧质、土壤肥力、施肥水平、抛秧期及产量水平等因素综合确定。在正常情况下，免耕抛秧的抛植密度要比常耕抛秧的有所增加，一般可增加 10% 左右，但是在稻虾连作共生精准种养时，为了给小龙虾提供充足的生长活动空间，我们还是建议和常规抛秧的密度相当，每亩的抛植棵数，以 1.8 万~1.9 万棵为宜，当采取 8 寸×4 寸、9 寸×4 寸或 9 寸×4.5 寸等宽行窄株栽插时，一般每亩栽足 1.7 万穴，每穴 4~5 棵茎蘖苗，每亩 6 万~8 万基本茎蘖苗（图 4-53）。

图 4-53　抛植后的稻田

▶▶▶ 八、人工移植 ◀◀◀

在稻虾连作共生精准种养时，提倡免耕抛秧，当然还可以实行人工秧苗移植，也就是人工栽插（图 4-54）。

插秧质量要求，垄正行直，浅插，不缺穴。合理的株行距不仅能使个体（单株）健壮生长，而且能促进水稻最大发展，最终获得高产。可采取条栽与边行密植相结合，浅水栽插的方法，插秧密度与品种分蘖力强弱、地力、秧苗素质，以及水源等密切相关。分蘖力强的品种插秧时期早，土壤肥沃或施肥水平较高的稻田，秧苗健壮，移植密度以30厘米×35厘米为宜，每穴4～5棵秧苗，确保小龙虾生活环境通风透气性能好；对于肥力较低的稻田，移栽密度为25厘米×25厘米；对于肥力中等的稻田，移栽密度以30厘米×30厘米左右为宜（图4-55～图4-57）。

图 4-54　人工栽插

图 4-55　拔秧

图 4-56　拔好的秧苗

图 4-57　栽插好的水稻田

【提示】

1）要做到栽后足肥浅水促分蘖，要想产量高，25天发够苗。

2）水稻产量低的主要原因是穗数不够，穗数不够的主要原因是栽后25天苗数未发足，栽植30天后的分蘖基本不成穗，所以后发的无效分蘖越多，产量越低。

第八节 收获上市

一、收获小龙虾

1. 捕捞时间

小龙虾生长速度较快，经1～2个月的人工饲养，成虾规格达30克以上时，即可捕捞上市。在生产上，小龙虾从4月就可以捕大留小了，收获以夜间昏暗时为好，对达到规格标准的虾要及时捕捞，可以降低稻田中的小龙虾密度，有利于稻田中未被捕捞的小龙虾加速生长。

2. 地笼张捕

最有效的捕捞方式是用地笼张捕（图4-58）。地笼网是最常用的捕捞工具，每只地笼长10～20米，分成10～20个方形的格子，每个格子间隔的地方两面带倒刺，笼子上方织有遮挡网，地笼的两头分别卷为圆形，地笼网以有结网为好。

图4-58 地笼张捕小龙虾

下午或傍晚把地笼放入田边浅水有水草的地方，里面放进腥味较浓的鱼块、鸡肠等作诱饵效果更好，网衣尾部漏出水面。傍晚时分，小龙虾出来寻食时，闻到腥味，寻味而至，碰到笼子后，笼子上方有网挡着，爬不上去，便会四处找入口，而钻进笼子。进了笼子的小龙虾滑向笼子深处，成为笼中之虾。第2天早晨就可以从笼中倒出小龙虾，然后进行分级处理，大的按级别出售，小的放回稻田继续饲养，这样可以使小龙虾上市时间持续到10月底。如果每次的捕捞量非常少，便可停止捕捞（图4-59和图4-60）。

图4-59　捕虾的地笼

图4-60　地笼捕的虾

3. 手抄网捕捞

把虾网上方扎成四方形，下面留有带倒锥状的漏斗，沿田间沟边沿地带或水草丛生处，不断地用杆子赶，虾进入四方形抄网中，提起网，小龙虾就留在了网中，这种捕捞法适宜用在水浅而且小龙虾密集的地方，特别是在水草比较茂盛的地方效果非常好。

4. 干沟捕捉

抽干稻田虾沟里的水，小龙虾便集中在沟底，可用人工手拣的方式捕捉。要注意的是，抽水之前最好先将沟边的水草清理干净，避免小龙虾躲藏在草丛中，并且抽水的速度最好快一点，以免小龙虾进洞。

5. 船捕

对于面积较大的稻田，可以利用小型的捕捞船在稻田中央来捕捞或从事投喂、检查生长情况等活动。

≫≫　二、装运与销售　≪≪

商品虾通常用泡沫塑料箱干运，也可以用塑料袋装运，或用冷藏车装运。运输时保持虾体湿润，不要挤压，这样便可提高运输成活率和销售效益。在具体操作中，可以将小龙虾分拣出售（图4-61），在南方市场通常分为40～50尾/千克、30～40尾/千克、20～30尾/千克、20尾以内/千克等几个规格，不同的规格不同的价格。

图4-61　按规格
分拣小龙虾

第九节 小龙虾养殖的误区

经过技术人员的指导反馈，以及生产实践的经验表明，在小龙虾的稻田养殖过程中存在不少误区，这些都需要注意。

一、水质管理的误区

1. 没有培好肥就直接下苗

第 1 次放苗养殖时，为了赶时间或是其他的技术原因，田间沟的水质还没有培好肥，就急忙投放小龙虾苗种。由于池塘水体偏瘦，缺少可供幼虾摄食的生物饵料，影响幼虾的生长和成活率。

2. 换水不讲究科学性

一些虾农在换水时并不讲究科学换水，常常是一次性大量换水，这种情况通常发生在换水方便的地区。他们一味地认为只要大量换水，就可以保证水质良好，结果会引起稻田里的水温温差太大，造成小龙虾应激性反应，从而影响虾的摄食和生长。

二、苗种投放上的误区

某些养殖户为了方便，或者是了解信息不到位，或者是为了购买便宜的苗种，这些购买的苗种往往是经过商贩经几次倒手收上来的（图4-62），这种苗种的质量非常差，有的是用药物诱捕的，放到稻田后，很快就会死亡，养殖的结果可想而知。

图4-62　经过多次倒手的小龙虾虾苗

>> 三、混养上的误区 <<

许多虾农在养殖小龙虾的稻田里混养了一些鲢鱼、鳙鱼。还混养鲫鱼。混养鲢鱼、鳙鱼对抑制水体的肥度能起到很好的作用。混养的鲫鱼虽然能够摄食腐屑碎片和浮游生物,但大部分配合饲料也被鲫鱼吞食,导致饲料的浪费。这种不科学的混养往往会降低养殖效益。

>> 四、捕捞不及时的误区 <<

在各地稻田养殖小龙虾的养殖户大多能采取"捕大留小、天天捕捞、天天上市"的放养模式,但是还有许多虾农因种种原因,对已经能适合上市的大虾不能及时捕捞上市,而不能上市的大虾往往有更强的活力,它们有独占地盘、弱肉强食的习性,会为害幼虾甚至造成幼虾死亡。因此适时上市,可使稻田里小龙虾的密度下降,可加速余下幼虾的生长。

第五章

稻田养小龙虾的管理

水质与水色防控

小龙虾在稻田中的生活、生长情况是通过水环境的变化来反映的。水是养虾的载体，各种养虾措施也都是通过水环境作用于小龙虾的。因此，水环境成了连通养虾者和小龙虾之间的"桥梁"，是养殖成败的关键因素之一。人们研究和处理养虾生产中的各种矛盾，主要从小龙虾的生活环境入手，根据小龙虾对水质的要求，人为地控制稻田里的水质，使它符合小龙虾的生长需要。如果水环境不适宜，小龙虾就不能很好地生长，甚至影响成活率。

≫≫ 一、水位调节 ≪≪

水位调节是稻田养虾过程中的重要一环，应以水稻为主。免耕稻田前期渗漏比较严重，秧苗入泥浅或不入泥，大部分秧苗倾斜、平躺在田面，以后根系的生长和分布也较浅，对水分要求极为敏感，因此在水分管理上要坚持"勤灌浅灌、多露轻晒"的原则。为了保证水源的质量，同时为了保证成片稻田养虾时不会相互交叉感染，要求进水渠最好是单独的、专用的。

1. 立苗期

抛秧后5天左右是秧苗扎根的立苗期（图5-1），应在泥皮水抛秧的基础上，继续保持浅水，水深保持在10厘米左右，以利于早立苗。如遇大雨，应及时将水排干，以防漂秧。此时若灌深水，则易造成倒苗、漂苗，不利于稻苗扎根。若田面完全无水，易造成叶片萎蔫，根系生长缓慢。在这个阶段，小龙虾可以暂时不放养，或可以在稻田的一端进行暂养，或放养在田间沟里，具体的方法各养殖户可根据自己的实际情况灵活掌握。

2. 分蘖期

抛秧后5~7天，一般秧苗已扎根立苗，并渐渐进入有效分蘖期（图5-2），此时可以放养小龙虾，田水宜浅，一般水层可保持在10~15厘米。始蘖至够苗期，应采取薄水促分蘖，切忌灌深水，保证水稻的正常生长。

图5-1 立苗期

图5-2 分蘖期

3. 孕穗至抽穗扬花期

这一时期也是小龙虾的生长旺盛期（图5-3），随着小龙虾不断长大和水稻的孕穗、抽穗、扬花期，均需大量水。在幼穗分化期后，应保持湿润，在花粉母细胞减数分裂期要灌深水养穗，严防缺水受旱。可将田水逐渐加深到20~25厘米，以确保两者（虾和稻）的需水量。在抽穗开始后，田中保持浅水层，可慢慢地将水深再调节到20厘米以下，既可增加小龙虾的活动空间，又可促进水稻的增产，使抽穗快而整齐，并有利于开花授粉。同时，还需要注意观察田间沟内水质的变化，一般每3~5天换水1次；盛夏季节，每1~2天换水1次，以保持田水清新。

图5-3 孕穗、抽穗、扬花期

4. 灌浆结实期

灌浆期间采取湿润灌溉，保持田面干干湿湿至黄熟期，注意不能过早断水，以免影响结实率和千粒重（图 5-4）。

图 5-4 灌浆结实期

根据免耕抛秧稻分蘖较迟、分蘖速度较慢、够苗时间比常耕抛秧稻迟 2~3 天、高峰苗数较低、成穗率较高的生育特点，应适当推迟控苗时间，采取多露轻晒的方式露晒田。

▶▶▶ 二、全程积极调控水质 ◀◀◀

水是小龙虾赖以生存的环境，也是疾病发生和传播的重要途径。因此，稻田水质直接关系到小龙虾的生长、疾病的发生和蔓延。除了正常的农业用水外，在小龙虾整个养殖过程中水质调节非常重要，应做到以下几点。

1）定期泼洒生石灰水，调节水体的酸碱度，增加水体钙离子浓度，供小龙虾吸收。小龙虾喜栖居在呈微碱性的水体中，为了保持虾田的溶氧量在 5 克/升以上，pH 在 7.5~8.5 之间，在小龙虾的整个生长期间，每 10 天向田间沟用 10~15 千克生石灰（水深 1 米），化水后全田均匀泼洒，使稻田里的水体始终呈微碱性。

2）适时加水、换水（图 5-5）。从虾种放养时，水深为 0.5~0.6 米开始，随着水温升高，视水草长势，每 10~15 天加注新水 10~15 厘米，早期切忌一次加水过多。5 月上旬前保持水位 0.7 米，7 月上旬前保持水位 1.2 米左右。在高温季节每天加水、换水 1 次，形成微水流，促进小龙虾蜕壳和生长。先排后灌，换水时速度不宜过快，以免对小龙虾造成强刺激。在进水时用 60 目（筛孔尺寸为 0.25 毫米）的双层筛网过滤。

3）做好底质调控工作。在日常管理中做到适量投饵，减少剩余残饵沉底；定期使用底质改良剂，如投放过氧化钙、沸石等，或投放活菌制剂（如光合细菌），如图5-6所示。

图5-5 秧田的水位可以调节至合适的位置　图5-6 自己培养的光合细菌

▶▶▶ 三、有益微生物制剂 ◀◀◀

水质的调控主要是调好养殖期的水色及控制好水体中理化因子（氨氮、亚硝酸盐等）的含量。养殖期的水色以油绿色为好，养殖水体保持适量的浮游植物（单细胞藻类），对水体中产生的有害物质（氨氮、亚硝酸盐等）起到净化作用，同时，它又可作为幼虾的饵料。

1. 有益微生物制剂调节水质的作用

为了控制好水中的氨氮等有害物质，养殖水体除了要培养好适量的藻类，还应培养有益的生物细菌（如光合细菌、芽孢杆菌等）。一方面可以吸收水中的有害物质；另一方面，当有益细菌大量繁殖时可以抑制有害微生物的繁殖生长，促进有益微生物的生长，对改良养殖水环境，保持水体微生态环境平衡，有效防止底质恶化，预防病原微生物增加起到重要作用。因此，在小龙虾的养殖过程中，可以通过定期投放有益微生物制剂使水体保持自身微生态平衡，它所形成的菌落直接被小龙虾所食，还能调节小龙虾肠道微生物生态菌群，提高免疫、抗病力。维持稻田里稳定的浮游植物群落，可吸收、转化小龙虾排泄物及池底有机物残渣，而产生的代谢物又可供浮游生物利用。

2. 有益微生物制剂的作用方法

用生物制剂按 10 毫升/米^3 连续全池泼洒，以 10 ~ 20 天为 1 个疗程，并用 5% 剂量的生物制剂拌饵投喂。

【提示】 使用有益微生物制剂需要注意以下几点事项：一是在使用前先用含氯消毒剂处理水体，先杀灭有害细菌，2 ~ 3 天后再用 10 毫克/米^3 生物制剂改良水质；二是使用生物制剂必须有一定的浓度才有效，当养殖池中的生物制剂生物活性下降时应予以更新，用量为 10 毫升/米^3；三是在虾池大量换水之后应及时泼洒微生物制剂，以维持优良的水质；四是当使用有益微生物制剂不久后就泼洒消毒剂时，将会使有益微生物制剂失效。

四、养殖前期的藻相养护

在用有机肥、化学肥料或是生化肥料培养好水质后，放养虾种的第 4 天，可用相应的生化产品为稻田提供营养，来促进优质藻相的持续稳定。这是因为在藻类生长繁殖的初期对营养的需求量较大，对营养的质量要求也较高，当然这些藻类快速繁殖，在稻田里是优势种群，它们的繁殖和生长会消耗水体中大量的营养物质，此时如果不及时补施高品质的肥料养分，水色很容易被消耗掉，而呈澄清样，藻相因营养供给不足或营养不良而出现"倒藻"现象。稻田里的水色过度澄清，会导致天然饵料缺乏，水中溶氧量偏低，这时虾种的活力减弱，免疫力也会随之下降，最终影响成活率和回捕率。

保持藻相的方法很多，只要用对药物和措施即可，这里介绍一种方案，仅供参考。在放养虾种的第 3 天，用黑金神浸泡 1 夜，到了第 4 天上午，配合使用藻幸福或六抗培藻膏追肥，用量为 1 包卓越黑金神加 1 桶藻幸福，或者 1 桶六抗培藻膏，可以泼洒 7 ~ 8 亩。

五、养殖中后期的藻相养护

根据水质肥瘦情况，应将肥料与活菌酌情配合使用。如水质偏瘦，可采取以肥料为主以活菌为辅的方法进行追肥。追肥时既可以采用生物有机肥，又可采用有机无机复混肥，但是更有效的则是采用培藻养草专用肥，这种肥料可全溶于水，既不消耗水中的溶解氧，又容易被藻类吸收，是理想的追施肥料。相应的肥料市面上有售。

如水质过肥，就要采取净水培菌措施，使用药物和方法可参考各生产厂家的药品使用说明书。这里介绍一种方案，仅供参考，可先用六控底健康全田泼洒 1 次，第 2 天再用灵活 100 加藻健康泼洒，晚上泼洒纳米氧，第 3 天左右，稻田里的水色就可变得清爽嫩活。

六、危险水色的防控和改良

小龙虾养殖到中后期，稻田底部的有机质除了耗氧和使底质腐败外，也会对水草、藻类的营养有一定作用，可以促进水草、藻类生长。在中后期，我们更要做好的是防止危险水色的发生，并对这种危险水色进行积极的防控和改良。

1. 青苔水

田间沟中青苔大量繁衍对小龙虾苗种成活率和养殖效益影响极大（图5-7）。一旦青苔大量发生，由于田间沟中有大量的水草需要保护，因此常用的硫酸铜及含除草剂类药物的使用受到限制，所以青苔的控制应重在预防。

常见的预防措施有：①种植水草和放养虾苗前，最好将稻田里的水抽干，包括田间沟里的水，要全部抽干并曝晒 1 个月以上；②在对田间沟进行清整时，按每亩稻田（田间沟的面积）用生石灰 75 ~ 100 千克，化浆后全田泼洒；③在消毒清整田间沟 5 天后，必须用相应的药物进行生物净化，不仅消除养殖

图 5-7　青苔过多不宜养殖小龙虾

隐患，而且还可消除青苔和泥皮；④种植水草时要加强对水草和螺蛳的养护，促进水草生长，以适度肥水，防止青苔发生；⑤合理投喂，防止饲料过剩，饲料必须保持新鲜。

2. 老绿色（或深蓝绿色）水

通常在稻田的下风处，水体表层往往有少量绿色悬浮细末，若不及时处理，稻田里的水体会迅速老化，藻类易大量死亡。如果小龙虾长期在这种水体中生活，就会容易发病，生长缓慢，活力衰弱。

稻田里的水一旦出现这种情况，应立即换排水，然后全田泼洒解毒药剂，以减轻微囊藻对小龙虾的毒性。

3. 黄泥色水

黄泥色水又称泥浊水，一旦稻田里的水出现这种情况，一是要及时换水，增加溶氧量，如 pH 太低，可泼洒生石灰调水；二是及时注入 10 厘米左右的含藻水源；三是用肥水培藻的生化药品要在晴天上午 9:00 全田泼洒，目的是培养水体中的有益藻群；四是待肥好水色、培起藻后，再追肥来稳定水相和藻相，此时将水色由黄色向黄中带绿色→淡绿色→翠绿色转变。

4. 油膜水

油膜水就是在稻田里尤其是田间沟的下风处出现一层像油膜一样的水（图 5-8），稻田里的水一旦出现这种情况则要做到以下几点。一是要加强对养虾稻田的巡查工作，关注下风口处，把烂草、垃圾等漂浮物打捞干净；二是排换水 5～10 厘米后，使用改底药物全田泼洒，改良底部水环境；三是在改底后的 5 小时内，施用市售的净水药品全田泼洒，破坏水面油膜层；四是在破坏水面油膜层后的第 3 天，应用解毒药物进行解毒，解毒后泼洒相关药物来修复水体，以强壮水草，净化水质。

5. 黑褐色与酱油色水（图 5-9）

这种水色的水体中含大量的鞭毛藻、裸藻、褐藻等，这种水色的水体一般是管理失常所致。如饲料投喂过多，残饵增多。没有发酵彻底的肥料施用太多或堆肥，导致溶解性及悬浮性有机物增加，水质和底质均老化，使小龙虾发生应激反应，且发病率极高。

图 5-8　油膜水

图 5-9　酱油色水色

稻田里的水一旦出现这种情况则要做到以下几点。一是立即换一半水左右；二是换水后第 2 天，注入 3~5 厘米的含藻新水；三是向田间沟里泼洒生物制剂（如芽孢杆菌等），用量与用法请参考药品说明书。

第二节 稻田的底质管护

▶▶ 一、底质对小龙虾生长和健康的影响 ◀◀

小龙虾是典型的底栖类生活习性，它们的生活生长都离不开底质，因此稻田底质尤其是田间沟底质的优良与否会直接影响小龙虾的活动能力，从而影响它们的生长、发育，甚至影响它们的生命，进而会影响养殖产量与养殖效益（图 5-10）。

底质，尤其是长期养殖小龙虾的稻田底质，往往是各种有机物的集聚之所，这些底质中的有机质在水温升高后会慢慢地分解。在分解过程中，它一方面会消耗水体中大量的溶解氧；另一方面，在有机质分解后，往往会产生各种有毒物质（如硫化氢、亚硝酸盐等），结果就会导致小龙虾因为不适应这种环境而频繁地上岸或爬上草头，轻者会影响它们的生长、蜕壳，造成上市小龙虾的规格普遍偏小，价格偏低，养殖效益也会降低，严重的则会导致小龙虾中毒，甚至死亡。

底质在小龙虾养殖中还有一个重要的影响就是会改变小龙虾的体色，从而影响出售时的卖相。在淤泥较多的黑色底质中养出的小龙虾，常常一眼就能看出是铁壳虾（图 5-11），它们的具体特征就是甲壳灰黑，呈铁锈色，肉松味淡，商品价值非常低。

图 5-10 优质底质适合小龙虾的生长

图 5-11 铁壳虾

【小贴士】　铁壳虾又叫铁锈虾，其身体很黑、很脏，就像生长满了铁锈一样，也像用一层厚厚的铁壳罩在小龙虾身体上，卖相差，由于铁壳虾的肉质不好且肉少壳厚，口感粗糙，所以价格也低。

二、底质不佳的原因

稻田田间沟底质变黑发臭的原因，主要有以下几点。

1. 清淤不彻底

在冬春季节清淤不彻底，田间沟里过多的淤泥没有及时清理出去，造成底泥中的有机质过多，这是底质变黑的主要原因之一。

2. 投饵不科学

一些养殖户投饵不科学，饲料利用率较低。长期投喂过量或投喂蛋白质含量过高的饲料，这些过量的饲料并没有被小龙虾及时摄食利用，从而沉积在底泥中。另外，小龙虾新陈代谢产生的大量粪便也沉积在底泥中，为病原微生物的生长繁殖提供条件。这不仅消耗了稻田水体中大量的氧气，同时，还会分解释放出大量的硫化氢、沼气、氨气等有毒有害物质，使底质恶化。

3. 青苔对底质的影响

在养殖前期，由于青苔较多，许多养殖户会大量使用药物来杀灭青苔，这些死亡后的青苔并没有被及时地清理或消解，而是沉积于底泥中（图5-12）。另外，在养殖中期，小龙虾会不断地夹断田间沟里的水草，这些水草除了部分漂浮于水面之外，还有一部分和青苔以及

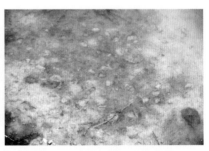

图5-12　沉积在池底的青苔

其他水生生物的尸体一起沉积于底泥中，随着水温的升高，这些东西会慢慢地腐烂，从而加速底质变黑发臭。

【小贴士】　一般情况下，稻田的底质腐败时，水草会大量腐烂，水体和底质中的重金属含量明显超标，小龙虾在生长过程中，长期缺乏营养或营养达不到生长需求，从而会渐渐地变成铁壳虾。

➤➤➤ 三、底质与疾病的关系 ◀◀◀

在淤泥较多的田间沟中，有机质的氧化分解会消耗掉水体底层本来并不多的氧气，造成底部处于缺氧状态，形成所谓的"氧债"。在缺氧条件下，厌气性细菌大量繁殖，分解田间沟底部的有机物质而产生大量有毒的中间产物，如氨气、亚硝酸根、硫化氢、有机酸、低级胺类、硫醇等。这些物质大都对小龙虾有着很大的毒害作用，并且会在水中不断积累，轻则会影响小龙虾的生长，使饵料系数增大，养殖成本升高；重则会提高小龙虾对细菌性疾病的易感性，导致小龙虾中毒死亡。

当底质恶化时，有害菌会大量繁殖，当水中有害菌的数量达到一定峰值时，小龙虾就可能可能发病。如小龙虾甲壳的溃烂病、肠炎病等。

➤➤➤ 四、科学改底的方法 ◀◀◀

1. 用微生物或益生菌改底

在实际生产中，提倡采用微生物或益生菌来进行底质改良，达到养底护底的效果。充分利用复合微生物中的各种有益菌的功能优势，发挥它们的协同作用，将残饵、排泄物、动植物尸体等影响底质变坏的隐患及时分解消除，可以有效地养护了底质和水质，同时还能有效地控制病原微生物的蔓延、扩散。

2. 快速改底

快速改底可以使用一些化学产品混合而成的改底产品，但是从长远的角度来看，还是尽量不用或少用化学改底产品，建议使用微生物制剂的改底产品，通过有益菌［如光合细菌、芽孢杆菌（图 5-13）等］的作用来达到改底的目的。

图 5-13 芽孢杆菌改底效果显著

3. 采用生物肥培养有益藻类

定向培养有益藻类，适当施肥并防止水体老化。养殖稻田不怕"水肥"，而是怕"水老"。因为"水老"藻类才会死亡，才会出现"水变"，水肥不一定"水老"。定期使用优质高效的水产专用肥来保证肥水效率，如"生物肥水宝""新肽肥"等。这些肥水产品都能被藻类及水产动物吸收利用，并且不污染底质。

第三节 稻田养虾的几个重要管理环节

▶▶ 一、科学施肥 ◀◀

在进行稻虾连作共作精准种养时，稻田一般以施基肥和腐熟的农家肥为主，以促进水稻稳定生长，保持中期不脱肥，后期不早衰，群体易控制。在抛秧前 2~3 天施用，采用有机肥和化肥配合施用的增产效果最佳，且兼有提高肥料利用率、培肥地力、改善稻米品质等作用，每亩可施农家肥 300 千克、尿素 20 千克、过磷酸钙 20~25 千克、硫酸钾 5 千克。如果采用复合肥作基肥，每亩可施 15~20 千克。

放虾后一般不追肥，如果发现稻田脱肥，可少量追施尿素，采取勤施薄施方式，每亩不超过 5 千克，以达到促分蘖、多分蘖、早够苗的目的。原则是"减前增后，增大穗、粒肥用量"，要求做到"前期轰得起（促进分蘖早生快发，及早够苗），中期控得住（减少无效分蘖数量，促进有效分蘖生长），后期稳得住（养根保叶促进灌浆）"。施肥的方法是先排浅田水，让虾集中到虾沟中再施肥，有助于肥料迅速沉积于底泥中并为田泥和禾苗吸收，随即加深田水到正常深度，也可采取少量多次、分片撒肥或根外施肥的方法。在水稻抽穗期间，要尽量增施钾肥，可增强抗病，防止倒伏，提高结实，成熟时秆青籽黄。

 【警告】 禁用对小龙虾有害的化肥（如氨水和碳酸氢铵等）。

▶▶ 二、科学施药 ◀◀

稻田养虾能有效地抑制杂草生长，降低病虫害，所以要尽量减少除草剂及农药的施用。小龙虾入田后，若再发生草荒，可人工拔除。如果确因稻田病害或虾病严重需要用药时，应掌握以下几个关键：①科学诊断，对症下药；②选择高效低毒低残留农药；③由于小龙虾是甲壳类动物，也是变温动物，对含膦药物、菊酯类、拟菊酯类药物特别敏感，因此应慎用敌百虫、甲胺膦等药物，禁用敌杀死等药；④喷洒农药时，一般应加深田水，降低药物浓度，减少药害，也可放干田水再用药，待8小时后立即注水至正常水位；⑤粉剂药物应在早晨露水未干时喷施，水剂和乳剂药应在下午喷洒；⑥降水速度要缓，等虾爬进虾沟后再施药；⑦可采取分片分批的用药方法，即先施稻田的一半，过两天再施另一半，同时尽量要避免农药直接落入水中，保证小龙虾的安全。

》》》 三、科学晒田 《《《

水稻在生长发育过程中的需水情况是在变化的，养虾的水稻田中，养虾与水稻的需水量是主要矛盾。田间水量多，水层保持时间长，对虾的生长是有利的，但对水稻生长却是不利。农谚对水稻用水进行了科学的总结，那就是："薄水浅栽、深水活棵、浅水分蘖、脱水晒田、复水长粗、间歇灌水孕穗、厚水抽穗、湿润灌浆、干湿交替以湿为主到成熟。"具体来说，就是当秧苗在分蘖前期，以湿润或浅水干湿交替灌溉方式促进分蘖早生快发；到了分蘖后期"够苗晒田"，即当全田总苗数（主茎+分蘖）达到每亩15万~18万时排水晒田，如长势很旺或排水困难的田块，应在全田总苗数达到每亩12万~15万时开始排水晒田；到了稻穗分化至抽穗扬花时，可采取浅水灌溉促大穗；最后在灌浆结实期时，可采用干干湿湿交替灌溉、养根保叶促灌浆的技术措施（图5-14和图5-15）。

【提示】 晒好田后，及时恢复原水位。尽可能不要晒得太久，以免小龙虾缺食太久而影响生长。

图5-14 抛秧水稻的晒田

图 5-15　人工栽秧水稻的晒田

》》 四、病虫害预防 《《

水稻的病虫害预防主要是做好稻瘟病、纹枯病、白叶枯病、细菌性条斑病以及三化螟、稻纵卷叶螟、稻飞虱等的防治，特别要注意加强对三化螟的监测和防治。浸田用水的深度和时间要保证，尽量减少三化螟虫源。水稻疾病防治应选用高效、低毒、低残留的农药。施药时要严格掌握安全使用浓度，确保小龙虾养殖安全，农药多喷入叶面和稻株，尽量不入水中；喷药时加深田水，可降低水中药物浓度；喷药宜在下午进行。稻虾共生稻田，用药后应换一次新鲜水。

对于稻田的虫害，可以减少施药次数，可在稻田里设置太阳能杀虫灯（图 5-16），利用物理方法杀死害虫，同时这些落到稻田里的害虫也是小龙虾的好饵料。

草害根据草相选药防除。对以稗草、莎草、阔叶草为主的移栽大田，在栽苗后 7 天，亩用 14% 乙苄可湿性粉剂 50 克，或 36% 二氯苄可湿性粉剂 30～35 克，以上药物结合追施蘖肥同时进行。稻虾共生稻田，一些嫩草被小龙虾吃掉，但稗草等杂草则要用人工薅除。

图 5-16　太阳能
杀虫灯

小龙虾的疾病目前发现很少，但也不可掉以轻心，目前发现的主要是纤毛虫的寄生。因此要抓好定期预防消毒的工作。在放苗前，稻田要进行严格的消毒处理，放养虾种时用 5% 食盐水浴洗 5 分钟，严防病原体带入田内，采用生态防治方法，严格落实"以防为主、防重于治"的原则。每隔 15 天用生石灰 10～15 千克/亩，溶水后全虾沟泼洒，不但起到防病治病的目的，还有利于小龙虾的蜕壳。在夏季高温季节，每隔15天，在饵料中添加多维素、钙片等药物以增强小龙虾的免疫力。

五、稻谷收获后的稻桩处理

稻谷收获（图5-17）一般采取收谷留桩的办法，然后将水位提高至40~50厘米，并适当施肥，促进稻桩返青（图5-18），为小龙虾提供遮阴场所及天然饵料来源；有的养殖户由于收割时稻桩留得低了一些，水淹的时间长了一点，导致稻桩腐烂，这就相当于人工施了农家肥，可以提高培育天然饵料的效果，但要注意不能长期让水质处于过肥状态，可适当通过换水来调节。

图5-17 即将收获的稻谷

图5-18 返青的稻桩

第六章

水草与栽培

俗话说"养虾先种草""虾大小,多与少,看水草"。由此可见,在小龙虾的养殖中,水草在很大程度上决定着小龙虾的规格和产量,对养虾成败非常重要(图6-1)。这是因为水草为小龙虾的生长发育提供极为有利的生态环境,提高了苗种成活率和捕捞率,降低了生产成本,对小龙虾养殖起着重要的增产增效的作用。

【小贴士】 对养殖户的调查表明,在稻田田间沟中种植水草的小龙虾产量比没有种植水草的稻田小龙虾产量增产20%左右,规格增大2~3.5克/尾,亩效益增加100~150元。因此,种草养虾显得尤为重要,在养殖过程中栽植水草是一项不可缺少的技术措施。

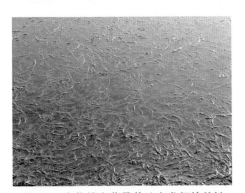

图6-1 丰茂的水草是养殖小龙虾的关键

水草在小龙虾养殖中的作用,具体表现在以下几点:

≫ 一、模拟生态环境 ≪

小龙虾的自然生态环境离不开水草,"虾大小,看水草"说的就是

97

水草的多少直接影响小龙虾的生长速度和肥满程度。在稻田的田间沟中种植水草可以模拟和营造生态环境，使小龙虾有"家"的感觉，有利于小龙虾快速适应环境和快速生长。

》》 二、提供丰富的天然饵料 《《

水草营养丰富，可以弥补谷物饲料和配合饲料中多种维生素的不足。此外，水草中还含有丰富的钙、磷和多种微量元素，其中钙的含量尤其突出，能够补充虾体对矿物质的需求。稻田中种植水草，一方面为小龙虾生长提供了大量的天然优质的植物性饵料，弥补了人工饲料不足，降低了生产成本；另一方面，小龙虾喜食的水草还具有鲜、嫩、脆的特点，便于取食，具有很强的适口性。同时水草多的地方，赖以水草生存的昆虫、小鱼、小虾、软体动物（螺、蚌）及底栖生物等也随之增加，又为小龙虾觅食、生长提供了丰富的动物性饵料源。

》》 三、净化水质 《《

小龙虾喜欢在水草丰富、水质清新的环境中生活。水草通过光合作用，能有效地吸收稻田中的二氧化碳、硫化氢和其他无机盐类，降低水中氨氮，起到增加溶氧量，净化和改善水质的作用，使水质保持新鲜、清爽（图6-2），有利于小龙虾快速生长。

图6-2 稻田中的水草对水质净化很好

》》 四、增加溶氧量 《《

通过水草的光合作用，增加水中溶解氧的含量，为小龙虾的健康生长提供良好的环境保障。

>>> 五、隐蔽藏身 <<<

栽种水草，还可以减少小龙虾间的相互格斗，是提高小龙虾成活率的一项有力保证。更重要的是小龙虾喜欢在水位较浅、水体安静的地方蜕壳，因为浅水水压较低，安静可避免惊扰，这样有利于小龙虾的顺利蜕壳（图6-3）。

图6-3　水草丰盛的地方最适宜小龙虾隐藏和蜕壳

【小贴士】 在稻田的田间沟中种植水草，形成水底森林，可满足小龙虾的生长特性，它们常攀附在水草上。丰富的水草既为小龙虾提供安静的环境，又有利于小龙虾缩短蜕壳时间，减少体能消耗。同时，小龙虾蜕壳后成为"软壳虾"，需要几小时静伏不动的恢复期，待新壳渐渐硬化之后，才能开始爬行、游动和觅食。在这段时间内，软壳虾缺乏抵御能力，极易遭受敌害侵袭，水草可起到隐蔽作用，使其不易被同类及老鼠、水蛇等敌害发现，降低因敌害侵袭而造成的损失。

>>> 六、提供攀附物 <<<

小龙虾有攀爬习性。在养殖过程中会经常发现，在闷热的天气或清晨，尤其是阴雨天，可见到田间沟中的水葫芦、水花生等的根茎部爬满了小龙虾，它们将头露出水面进行呼吸，因此水体中的水草为小龙虾提供了呼吸攀附物，另外，小龙虾蜕壳时还可在水草上攀缘附着、固定身体，从而缩短蜕壳时间，减少体力消耗。

>>> 七、调节水温 <<<

在冬季，虾沟中种植水草，可以防风避寒；在夏季，水草可为小龙虾提供一个凉爽安定的隐避、遮阴、歇凉的生长空间，能避免阳光直射，可以控制虾沟内水温的急剧升高，使小龙虾在高温季节也可正常摄食、蜕壳、生长，对提高小龙虾成品的规格起重要作用。

>>> 八、防　病 <<<

多种水草具有较好的药理作用。例如，水花生能较好地抑制细菌和病毒，小龙虾在轻微得病后，可以自行觅食，自我治疗，效果很好。

>>> 九、提高小龙虾成活率 <<<

水草可以扩展立体空间，有利于疏散小龙虾密度，防止和减少局部小龙虾因密度过大而发生格斗和残食的现象，避免不必要的伤亡。另外，水草易使水体保持清新，增加透明度，稳定 pH（使水体保持中性偏碱），有利于小龙虾的蜕壳生长，可提高小龙虾的成活率。

>>> 十、提高小龙虾品质 <<<

优质水草可使水质净化，减少水中污物，使养成的小龙虾体色光亮，品质提高。另外，小龙虾常在水草上活动，能避免它长时间在洞穴中栖居，使小龙虾的体色更光亮，更洁净，更有市场竞争力，保证较高的销售价格。

>>> 十一、有效防逃 <<<

在水草较多的地方，常常富集大量小龙虾喜食的鱼、虾、贝、藻等鲜活饵料，因为饵料充足，故小龙虾很少逃逸。因此在虾沟内种植丰富优质的水草，是防止小龙虾逃跑的有效措施。

第二节　水草的种类与种植技巧

水生植物的种类很多，分布较广，在养虾稻田中，适合小龙虾生长需要的种类主要有苦草、轮叶黑藻、金鱼藻、水花生、浮萍、伊乐藻、眼子菜、青萍、槐叶萍、满江红、篦藻、水车前、空心菜等。下面简要介绍几种常用水草的特性及种植技巧。

》》》 一、伊乐藻 《《《

1. 栽前准备

1）田间沟清整。排干田间沟里的水，每亩用生石灰 150~200 千克化水趁热全田泼洒，清野除杂，并让沟底充分晾晒半个月，同时做好稻田的修复整理工作。

2）注水施肥。栽培前 5~7 天，注水深 30 厘米左右，进水口用 60 目（筛孔尺寸为 0.25 毫米）筛绢进行过滤，每亩施腐熟粪肥 300~500 千克，既可作为栽培伊乐藻（图 6-4）的基肥，又可培肥水质。

图6-4 伊乐藻

2. 栽培时间

根据伊乐藻的生理特征及生产实践的需要，建议栽培时间宜在 11 月至第 2 年 1 月中旬，气温 5℃以上即可生长。如冬季栽插须在成虾捕捞后或小龙虾入洞冬眠后进行，具体方法是抽干田间沟里的水，让沟底充分晾晒一段时间，再用生石灰、茶子饼等药物进行消毒。如果是在春季栽插，则应事先将虾种用网圈养在稻田的一角，等水草长至 15 厘米时再将小龙虾放入田中，否则栽插成活后的嫩芽会被虾种吃掉，或被虾用螯拍断，甚至连根拔起。

3. 栽培方法

（1）沉栽法 每亩用 15~25 千克的伊乐藻种株，将种株切成 20~25 厘米长的段，每 4~5 段为 1 束，在每束种株的基部粘上有一定黏度的软泥团，撒播于沟中，泥团可以带动种株下沉着底，并能很快扎根（图 6-5）。

（2）插栽法 一般在冬、春两季进行，用量与处理方法同上，把切段后的草茎放在生根剂稀释液中浸泡一下，然后像插秧一样插栽。栽培时栽得宜少，但距离要大，株行距为 1 米×1.5 米。插入泥中 3~5 厘米，泥上留 15~20 厘米，栽插初期水位以插入伊乐藻刚好没头为宜，待水草长满后逐步提高水位（图6-6）。

图6-5　沉栽伊乐藻

图6-6　水草的行距和株距

（3）踩栽法　伊乐藻生命力较强，在稻田中种株着泥即可成活。每亩的用量与处理方法同沉栽法，把它们均匀撒在田间沟里，水位保持在5厘米左右，然后用脚轻轻踩一踩，让它们着泥，10天后注水。

4. 管理

（1）水位调节　伊乐藻宜栽种在水位较浅处，栽种后10天就能生出新根和嫩芽，3月底就能形成优势种群。平时可按照逐渐增加水位的方法加深田水，至盛夏水位加至最深。一般情况下，可按照"春浅，夏满，秋适中"的原则调节水位。

（2）投施肥料　在施好基肥的前提下，还应根据稻田的肥力情况适量追施肥料，以保持伊乐藻的生长优势。

（3）控温　伊乐藻耐寒不耐热，高温天气会断根死亡，后期必须控制水温，以免伊乐藻死亡导致大面积水体污染。

（4）控高　伊乐藻有一个特性就是一旦露出水面后，会折断而导致死亡，使水质变坏。因此为防止其生长过快，5~6月时，水位不要太高，应慢慢地控制在60~70厘米，当7月水温达到30℃，伊乐藻不再生长时，再增加水位到120厘米。

▶▶ 二、苦　草 ◀◀

在稻田田间沟中种植苦草（图6-7）有利于观察小龙虾摄食情况，监控水质。

1. 栽前准备

（1）田间沟清整　排干田间沟里的水，每亩用生石灰150~200千克化水趁热全田泼洒，清野除杂，并让田底充分晾晒半个月，同时做好田间沟的修复整理工作。

（2）**注水施肥**　栽培前 5 ~ 7 天，注水深度为 30 厘米左右，进水口用 60 目（筛孔尺寸为 0.25 毫米）筛绢进行过滤，每亩施草皮泥、人畜粪尿与磷肥混合至 1000 ~ 1500 千克作基肥，和土壤充分拌匀待播种，既作为栽培苦草的基肥，又可培肥水质。

图 6-7　苦草

（3）**草种选择**　选用的苦草种应籽粒饱满，光泽度好，呈黑色或黑褐色，长度在 2 毫米以上，直径不小于 0.3 毫米，以天然野生苦草的种子为好，可提高子一代的分蘖能力。

（4）**浸种**　选择晴朗天气晒种 1 ~ 2 天，播种前，用稻田里的清水浸种 12 小时。

2. 栽种时间

有冬季种植和春季种植两种。冬季播种时常常用干播法，应利用用稻田清整曝晒的时机，将苦草种子撒于沟底，并用铁耙耙匀；春季种植时常常用湿播法，应用潮湿的泥团包裹苦草种子扔在沟底即可。

3. 栽种方法

（1）**播种**　播种期在 4 月底至 5 月上旬，当水温回升至 15℃ 以上时播种，用种量为 15 ~ 30 克/亩。直接种在田间沟的表面上，播种前向沟中加新水 3 ~ 5 厘米深，最深不超过 20 厘米。大水面应种在浅滩处，水深不超过 1 米，以确保苦草能进行充分的光合作用。选择晴天晒种一两天，然后浸种 12 小时，捞出后搓出果实内的种子。清洗掉种子上的黏液，将种子与半干半湿的细土或细沙（比例为 1∶10）混合，撒播、采条播或间播均可，下种后薄盖一层草皮泥，并盖草，淋水保湿以利于种子发芽。搓揉后的果实其中还有很多种子未搓出，也撒入沟中。温度在 18℃ 以上，播种后 10 ~ 15 天可发芽。幼苗出土后可揭去覆盖物。

（2）**插条**　选苦草的茎枝顶梢，具两三节，长 10 ~ 15 厘米作插穗。在3~4月或7~8月按株行距20厘米×20厘米斜插。一般约1周即可生根，成活率达80%~90%。

（3）移栽 当苗具有2对真叶，高7~10厘米时移植最好。定植密度为株行距25厘米×30厘米或26厘米×33厘米。定植地每亩施基肥2500千克，用草皮泥、人畜粪尿、钙镁磷混合肥料最好。还可以采用水稻"抛秧法"将苦草秧抛在田间沟（图6-8）。

图6-8 稻田里栽好的苦草

4. 管理

（1）水位控制 种植苦草时，前期水位不宜太高，太高了会因水压作用，使苦草种子漂浮起来而不能发芽生根。苦草在水底蔓延的速度很快，为促进苦草分蘖，抑制叶片营养生长，宜在6月上旬以前，控制稻田水位在10厘米以下，满足秧苗和小龙虾的正常生长发育所需的水位，应该尽可能地降低水位。6月下旬稻田水位加至20厘米左右，此时苦草已基本在田间沟中生长良好，以后的水位按正常的养殖管理要求进行即可。

（2）密度控制 当水草过密时，要及时做"去头"处理，以达到搅动水体、控制长势、减少耗氧的作用。

（3）肥度控制 分期追肥四五次，生长前期，每亩可施稀粪尿水500~800千克，后期可施氮、磷、钾复合肥或尿素。

（4）加强饲料投喂 当水温达到10℃以上时，要开始投喂一些配合饲料或动物性饲料，以防止苦草芽遭到破坏。当高温期到来时，应逐步地减少动物性饲料的投饲量，增加植物性饲料的投饲量，以让小龙虾有一个适应过程。但是高温期间也不能全部停喂动物性饲料，而是逐步将动物性饲料的比例降至日投饲量的30%左右。这样，既可保证小龙虾的生长营养需求，也可防止水草遭到过早破坏。

（5）捞残草 每天巡查稻田时，把漂在水面的残草捞出沟外，以免破坏水质，影响沟底水草的光合作用。

>>> 三、轮叶黑藻 <<<

1. 栽前准备

（1）**田间沟清整** 排干田间沟里的水，每亩用生石灰 150～200 千克化水趁热全田泼洒，清野除杂，并让沟底充分晾晒半个月，同时做好稻田的修复整理工作。

（2）**注水施肥** 栽培前 5～7 天，注水深度为 30 厘米左右，进水口用 60 目（筛孔尺寸为 0.25 毫米）筛绢进行过滤，每亩施粪肥 400 千克作基肥。

2. 栽培时间

栽种时间以每年 6 月中旬为宜。

3. 栽培方法

（1）**移栽** 将田间沟留 10 厘米的淤泥，注水至刚没底泥。将轮叶黑藻的茎切成 15～20 厘米小段，然后像插秧一样，将其均匀地插入底泥中，株行距为 20 厘米×30 厘米。苗种应随取随栽，不宜久晒，一般每亩用种株 50～70 千克。由于轮叶黑藻具有再生能力强、生长期长、适应性强、生长快、产量高、利用率高的特点，最适宜在稻田中种植。

（2）**枝尖插杆插植** 轮叶黑藻有须状不定根，在每年的 4～8 月，处于营养生长阶段，枝尖插植 3 天后就能生根，形成新的植株。

（3）**芽苞种植** 每年的 12 月到第 2 年 3 月是轮叶黑藻芽苞的播种期，应选择晴天播种。播种前向田间沟加注新水 10 厘米，每亩用种 500～1000 克，播种时应按行株距 50 厘米×50 厘米，将芽苞 3～5 粒插入泥中，或拌泥沙撒播。当水温升至 15℃时，5～10 天开始发芽，出苗率可达 95%。

（4）**整株种植** 在每年的 5～8 月，天然水域中的轮叶黑藻（图 6-9）已长成，长度达 40～60 厘米，每亩田间沟一次放草 100～200 千克，一部分被小龙虾直接摄食，一部分可生须根着泥存活。

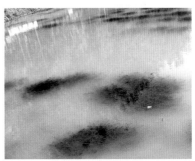

图 6-9 轮叶黑藻

4. 管理

（1）水质管理 在轮叶黑藻萌发期间，要加强水质管理，水位慢慢调深，同时多投喂动物性饵料或配合饲料，以减少小龙虾食草量，促进其须根生成。

（2）及时除青苔 轮叶黑藻的生长常常伴随着青苔的发生。在养护水草时，如果发现有青苔滋生，则需要及时消除青苔。

▶▶▶ 四、金鱼藻 ◀◀◀

1. 栽培方法

金鱼藻（图6-10）的栽培有以下几种方法：

图6-10 金鱼藻

（1）全草移栽 在每年10月之后，待成虾基本捕捞结束完成，可从湖泊或河沟中捞出全草进行移栽，用草量一般为50～100千克/亩。这个时候进行移栽，因为没有小龙虾的破坏，基本不需要进行专门的保护。

（2）浅水移栽 浅水移栽宜在虾种放养之前进行，移栽时间在4月中下旬，或在当地水温稳定通过11℃即可。首先浅灌沟水，将金鱼藻切成小段，长度为10～15厘米，然后像插秧一样，均匀地插入沟底，亩栽10～15千克。

（3）深水栽种 水深1.2～1.5米时，金鱼藻的长度留1.2米；水深0.5～0.6米时，草茎留0.5米。准备一些手指粗细的棍子，棍子长短视水深而定，以齐水面为宜。在距棍子入土一头10厘米处，用橡皮筋绑上3～4根金鱼藻，每蓬嫩头不超过10个，分级排放。一般栽插密度为1米×1米栽1蓬。

2. 管理

（1）**水位调节** 金鱼藻一般栽植在深水与浅水的交汇处，水深不超过 2 米，最好控制在 1.5 米左右。

（2）**水质调节** "水清"是水草生长的重要条件。水体浑浊，不利于水草生长，建议先用生石灰调水质，将水调清后再种草。

（3）**及时疏草** 当水草旺发时，要适当将其疏草，防止因其过密，导致无法进行光合作用而出现死草、臭水的现象。可用镰刀割除过密的水草，然后及时捞走。

（4）**清除杂草** 当水体中着生大量的水花生时，应及时将它们清除，以防止影响金鱼藻等水草的生长。

▶▶▶ 五、水 花 生 ◀◀◀

在移栽时，用草绳把水花生捆在一起，形成一条条的水花生柱，平行放在田间沟的四周（图 6-11）。许多小龙虾会长期待在水花生下面，因此要经常翻动水花生，一是让水体活动起来；二是防止水花生的下面腐烂发臭；三是减少小龙虾的隐蔽时间，促其生长。

图 6-11 水花生

▶▶▶ 六、水 葫 芦 ◀◀◀

由于水葫芦（图 6-12）的生长特性，它们挡住阳光，导致水下植物得不到足够光照而死亡，破坏水下动物的食物链，导致水生动物死亡。此外，水葫芦还有富集重金属的能力，腐烂体沉入水底可形成重金属高含量层，直接杀伤底栖生物。因此有专家将它列为有害生物，所以在养殖小龙虾时，可以有

图 6-12 水葫芦

针对性地利用，但一定要掌握度，不可过量。

⚠️ **【警告】** 当水葫芦生长过快，田间沟中过多或过密时，就要立即清理。

▶▶▶ 七、其他的常用水草 ◀◀◀

在利用稻田环境进行稻虾连作时，可以利用的水草还很多，一定要因地制宜，充分利用好当地稻田里的水草资源。其他可利用的水草还有水芋、慈姑（图6-13）、水车前、芨芨草、水薤等。

图6-13 慈姑

第三节 水草的养护

水草不仅是小龙虾不可或缺的植物性饵料，而且还可为小龙虾提供栖息、蜕壳、躲避敌害的场所。更重要的是水草在调节养殖稻田水质、保持水质清新、提高水体溶氧量上作用重大，然而目前许多小龙虾养殖户对水草只种不管，其实这种观念是错误的。如果不对水草加强管理，不但不能正常发挥水草的净水作用，而且当其大面积衰败时，还会大量沉积在稻田和沟底，腐烂变质后极易污染水质，进而造成小龙虾死亡。

▶▶▶ 一、水草老化的处理 ◀◀◀

水草老化的体现主要是：①污物附着水草，叶子发黄；②草头贴于水面上，经太阳暴晒后停止生长；③伊乐藻等水草老化比较严重，易出现水草下沉、腐烂的情况（图6-14）。水草老化对小龙虾养殖的影响就是败坏水质、底质，从而影响小龙虾的生长。

图6-14　开始老化并下沉的水草

水草老化的处理方法有：①对于老化的水草要及时进行"打头"或"割头"处理；②促使水草重新生根、生长，可通过施加肥料等方法来达到目的。

▶▶▶ 二、水草过密的处理 ◀◀◀

水草过密（图6-15）对小龙虾造成的影响主要是造成田间沟内部缺少氧气和光照，从而造成整个稻田的小龙虾产量下降，规格降低，甚至会因缺氧而死亡。

图6-15　水草过密

水草过密的处理方法：①对过密的水草强行打头或刈割（图6-16），从而起到稀疏水草的效果；②对于生长旺盛、过于茂盛的水草要进行分块，一般五六米打一条宽2米的通道以加强水体间上、下水层的对流及增加阳光的照射，这有利于水体中有益藻类及微生物的生长，还有利于小龙虾的行动、觅食，增加小龙虾的活动空间。

图6-16　将过密的水草打捞到岸边

三、水草过稀的处理

1）由水质老化浑浊而造成的水草过稀，水草上会附着大量的黏滑浓稠的污物，这些污物附着在水草的表面，阻断了水草的光合作用，从而阻碍了水草的生长发育。

处理方法：①换注新水，促使水质澄清；②先清洗水草表面的污物，然后再促使水草重新生根、促进生长。

2）水草根部腐烂、霉变而引起水草过稀，进而使整株水草枯萎、死亡。

处理方法：①将已经死亡的水草及时捞出，减少对小龙虾和稻田的污染；②用药物对已腐烂、霉变的水草进行氧化分解，达到抑制、减少有害气体及有害菌的目的，从而保护健康水草的根部不受侵害。

3）由水草的虫害而引起的水草过稀。飞虫将自己的受精卵产在水草上孵化，这些孵化出来的幼虫需要能量和营养，幼虫通过噬食水草来获取营养，使水草慢慢枯死，从而造成水草稀疏。

处理方法只能以预防为主，可用经过提取的大蒜素制剂与食醋混合后喷洒在水草上，能有效驱虫和溶化分解虫卵。

4）由小龙虾割草而引起的水草过稀。所谓小龙虾割草就是小龙虾用大螯把水草夹断，就像人工用刀割草的一样，养殖户把这种现象就叫作小龙虾割草（图6-17）。

图6-17　水草过稀

处理方法：稻田里如果有少量小龙虾割草则属于正常现象，如果在投喂饲料后这种现象仍然存在，这时可根据稻田的实际情况合理投放一定数量的螺蛳，有条件的尽量投放仔螺蛳。

如果小龙虾大量割草，那就不正常了，可能是小龙虾饲料投喂不足或是小龙虾开始发病的征兆。针对饲料不足，可多投喂优质饲料。另外，配合施用追肥，来达到肥水培藻的目的，也可使用市售的培藻产品，以达到培养藻类的效果（按药品使用说明操作）。

▶▶▶ 四、控制水草疯长的办法 ◀◀◀

随着水温渐渐升高，田间沟里的水草生长速度也不断加快，在这个时期，如果田间沟中水草没有得到很好的控制，就会出现"疯长"现象。而且疯长后的水草会腐烂，直接导致水质变坏，使水体中溶氧量下降，这将给小龙虾养殖带来严重危害。

对水草疯长的稻田，可以采取多种措施加以控制。

（1）**人工清除**　本方法比较原始，劳动力投入大，但是效果好。具体措施就是随时将漂浮的、腐烂的水草捞出。对于沟中生长过多、过密的水草可以用刀具割除，每次水草的割除量控制在水草总量的1/3以下。

（2）**缓慢加深水位**　一旦发现田间沟中的水草生长过快，应加深水位，让草头没入水面以下30厘米，通过控制水草的光合作用来达到抑制其生长的目的。在加水时，应缓慢加入，让水草有个适应的过程，不能一次加得过多，否则会发生死草、水草腐烂变质的现象，从而导致水质恶化（图6-18）。

图6-18　通过水位控制抑制水草生长

第七章

小龙虾的饲料与投喂

第一节 小龙虾的食性与饲料

》》一、小龙虾的食性 《《

小龙虾为杂食性动物，但偏爱动物性饵料，如小鱼、小虾、螺蚬类、蚌、蚯蚓、蠕虫和水生昆虫等；植物性食物有浮萍、丝状藻类、苦草、金鱼藻、菹草、马来眼子菜、轮叶黑藻、凤眼蓝（水葫芦）（图7-1）、喜旱莲子草（水花生）、南瓜等；精饲料有豆饼、菜饼、小麦、稻谷、玉米等。在饵料不足或养殖密度较大的情况下，小龙虾会发生自相残杀、弱肉强食的现象，体弱或刚蜕壳的软壳虾往往成为同类攻击的对象，因此，在人工养殖时，除了控制养殖密度、投喂充足适口的饵料外，设置隐蔽场所和栽种水草往往成为养殖成败的关键。

图7-1　水葫芦也是小龙虾爱吃的食物

》》二、小龙虾的食量与抢食 《《

小龙虾的食量很大且贪食。据观察，在夏季的夜晚，一尾小龙虾一夜可捕捉5只左右的田螺。当然它也十分耐饥饿，当食物缺乏时，一般

7～10天或更久不摄食也不至于饿死，小龙虾的这种耐饥性为小龙虾的长途运输提供了方便。

小龙虾不仅贪食，而且还有抢食和格斗的天性。通常在以下两种情况时更易发生。一是在人工养殖条件下，养殖密度大，小龙虾为了争夺空间、饵料，而不断地发生争食和格斗，甚至出现自相残杀的现象；二是在投喂动物性饵料时，由于投饲量不足，导致小龙虾为了争食美味可口的食物而互相格斗。

三、小龙虾的摄食与水温的关系

小龙虾的摄食强度与水温有很大关系，当水温在10℃以上时，小龙虾摄食旺盛；当水温低于10℃时，摄食能力明显下降；当水温进一步下降到3℃时，小龙虾的新陈代谢水平较低，几乎不摄食，潜入洞穴中或水草丛中冬眠。

四、植物性饲料

小龙虾是杂食性动物，对植物性饵料比较喜爱，它们常吃的饵料有以下几种。

（1）藻类　浮游藻类生活在各种小水坑、池塘、沟渠、稻田、河流、湖泊、水库中，通常使水体呈现黄绿色或深绿色，小龙虾对硅藻、金藻和黄藻消化良好，对绿藻、甲藻也能够消化。

（2）芜萍　芜萍为椭圆形粒状叶体，没有根和茎，是多年生漂浮植物，生长在小水塘、稻田、藕塘和静水沟渠等水体中。据测定，芜萍中蛋白质、脂肪含量较高，营养成分好。此外，还含有维生素C、维生素B以及微量元素钴等，小龙虾喜欢摄食。

（3）小浮萍　小浮萍呈卵圆形叶状体，生有一条很长的细丝状根，也是多年生的漂浮植物，生长在稻田、藕塘和沟渠等静水水体中，可用来喂养小龙虾。

（4）四叶萍　四叶萍又称田字萍，在稻田中生长良好，是小龙虾的食物之一。

（5）槐叶萍　在浅水中生活，尤其喜欢在富饶的稻田中生长，是小龙虾的喜好饵料之一。

（6）菜叶　饲养中不能把菜叶作为小龙虾的主要饵料，只是适当地投喂菜叶作为补充饲料，主要有小白菜叶、菠菜叶和莴苣叶。

（7）水花生、水葫芦（凤眼蓝）　它们都是小龙虾非常喜欢的植物性饵料。

（8）其他的水草　包括菹草、伊乐藻等各种沉水性水草和一些菱角等漂浮性植物，以及茭白、芦苇等挺水植物。黑麦草、莴笋、玉米、黄花草、苏丹草等多种旱草，都是小龙虾爱吃的植物性饵料。其他的植物性饵料还有一些瓜果梨桃以及它们的副产品。

▶▶▶ 五、动物性饵料 ◀◀◀

小龙虾常食用的动物性饵料有水蚤（图7-2）、剑水蚤、轮虫、原虫、水蚯蚓、孑孓，以及鱼虾的碎肉、动物内脏、鱼粉、血粉、蛋黄和蚕蛹等。

（1）水蚤、剑水蚤、轮虫等　它们是水体中的天然饵料，小龙虾在刚从母体上孵化出来后，就喜欢摄食它们，人工繁殖小龙虾时，也常常人工培育这些活饵料来养殖小龙虾的幼虾。

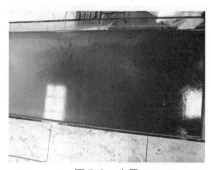

图7-2　水蚤

（2）水蚯蚓　通常群集生活在小水坑、稻田、池塘和水沟底层的污泥中，身体呈红色或青灰色，它是小龙虾适口的优良饵料。

（3）孑孓　通常生活在稻田、池塘、水沟和水洼中，尤其春、夏季分布较多，是小龙虾喜食的饵料之一。

（4）蚯蚓　种类较多，都可作为小龙虾的饵料。

（5）蝇蛆　苍蝇及其幼虫都是小龙虾养殖的好饵料。

（6）螺、蚌肉　是小龙虾养殖的上佳活饵料，除了人工投放部分螺、蚌补充到稻田外，其他的螺、蚌在投喂时最好敲碎，然后投喂（图7-3）。

图7-3 田螺是很好的动物性饵料

（7）**血块、血粉** 新鲜的猪血、牛血、鸡血和鸭血等都可以煮熟后晒干，或制成颗粒饲料喂养小龙虾。

（8）**鱼、虾肉** 野杂鱼肉和沼虾肉，小龙虾可直接食用，有时为了提高稻田的利用率，可以在虾沟中投放一些小的鱼苗（图7-4），一方面为小龙虾提供活饵料，另一方面可以提供一龄鱼种，增加收入。

图7-4 投喂小龙虾的野杂鱼

（9）**屠宰下脚料** 家禽内脏等屠宰下脚料是小龙虾的好饵料，在投喂的过程中，发现小龙虾对畜禽的肺脏等内脏特别爱吃，而对猪皮、油皮等不太爱吃。

第二节 解决小龙虾饲料来源的方法

养殖小龙虾投喂饲料时，既要满足小龙虾营养需求，加快其蜕壳生长，又要降低养殖成本，提高养殖效益。可因地制宜，多种渠道落实饲料来源。

>>> 一、积极寻找现成的饵料 <<<

1. 充分利用屠宰下脚料

利用肉类加工厂的猪、牛、羊、鸡、鸭等动物内脏及罐头食品厂的废弃下脚料作为饲料（图7-5），淘洗干净后切碎或绞烂煮熟喂小龙虾。也可以利用水产加工企业的废弃鱼虾和鱼内脏。如果下脚料数量过多，还可以用淡干或盐干的方法加工储藏，以备待用。

图7-5 家禽内脏是好的饲料

2. 捕捞野生鱼虾

在方便的条件下，可以在池塘、河沟、水库、湖泊等水域丰富的地区进行人工捕捞小鱼虾、螺蚌贝蚬等作为小龙虾的优质天然饵料。这类饲料来源广泛，饲喂效果好，但是劳动强度大。

3. 利用黑光灯诱虫

夏秋季节在田间沟的水面上20～30厘米处或稻田中央吊挂40瓦的黑光灯1只，可引诱大量的飞蛾、蚱蜢、蝼蛄等敌害昆虫入水供小龙虾食用，既可以为农作物消灭害虫，又能提供大量的活饵。根据试验，每晚可诱虫3～5千克。为了增加诱虫效果，可采用双层黑光灯管的放置方法，每层灯管间隔30～50厘米。

【提示】 特别注意的是，利用这种饲料源，必须定期为小龙虾服用抗生素，提高抗病力。

>>> 二、收购野杂鱼虾、螺蚌等 <<<

在靠近小溪小河、塘坝、水库、湖泊等地，可通过收购当地渔农捕捞的野杂鱼虾、螺蚌贝蚬等为小龙虾提供天然饵料，在投喂前要清洗消毒处理，可用3%～5%的食盐水清洗10～15分钟，或用其他药物（如高锰酸钾）杀菌消毒，螺蚌贝蚬最好敲碎或剖割好再投饲。

▶▶ 三、人工培育活饵料 ◀◀

螺蛳、河蚌、福寿螺、河蚬、蚯蚓、蝇蛆、水蚯蚓、黄粉虫、丰年虫等是小龙虾的优质鲜活饲料，可利用人工手段进行养殖、培育，以满足养殖之需（图7-6）。

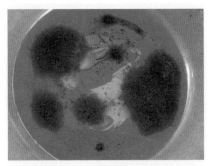

图7-6　人工培育活饵料

▶▶ 四、种植瓜菜 ◀◀

由于小龙虾是杂食性的，因此可利用零星土地种植叶类蔬菜、南瓜、豆类等，作为小龙虾的辅助饲料。这是解决小龙虾饲料的一条重要途径。

▶▶ 五、充分利用水体资源 ◀◀

1. 养护好水草

要充分利用水体里的水草资源（图7-7），在田间沟中移载水草，确保田间沟内的水草覆盖率在30%以上。水草主要品种有伊乐藻等。水草既是小龙虾喜食的植物性饵料，又有利于小杂鱼、虾、螺、蚬等天然饵料生物生长繁殖。

2. 投放螺蛳

要充分利用水体里的螺蛳资源，并尽可能引进外源性的螺蛳，让其自然繁殖，供小龙虾自由摄食。

图 7-7　养护好水草

六、充分利用配合饲料

饲料是决定小龙虾生长速度和提高产量的物质基础，任何一种单一饲料都无法满足小龙虾的营养需求。因此，在积极开辟和利用天然饲料的同时，也要投喂人工配合饲料，既能保证小龙虾的生长速度，又能节约饲养成本。

第三节　小龙虾配合饲料的使用

发展小龙虾养殖业，光靠天然饵料是不行的，必须发展人工配合饵料以满足小龙虾生长要求。人工配合饵料，要求营养成分齐全，主要成分应包括蛋白质、糖类、脂肪、无机盐和维生素五大类。

人工配合饲料是根据小龙虾的不同生长发育阶段对各种营养物质的需求，将多种原料按一定的比例配合、科学加工而成。配合饲料又称为颗粒饲料，包括软颗粒饲料、硬颗粒饲料和膨化饲料等，它具有动物蛋白质和植物蛋白质配比合理、能量饲料与蛋白质饲料的比例适宜、具备营养物质较全面的优点。

一、小龙虾养殖使用配合饲料的优点

在养殖小龙虾的过程中，使用配合饲料具有以下几个方面的优点。

1. 营养价值高，适合于集约型的生产方式

小龙虾的配合饲料是运用现代小龙虾研究的生理学、生物化学和营养学最新成就，分析小龙虾在不同生长阶段的营养需求后，经过科学配方与加工配制而成，大大提高了饲料中各种营养成分的利用率，使营养更加全面、平衡，生物学价值更高。它不仅能满足小龙虾生长发育的需要，而且能提高各种单一饲料养分的实际效能和蛋白质的生理价值，起到取长补短的作用，是小龙虾的集约型生产方式的保障。

2. 充分利用饲料资源

通过制作配合饲料，将一些原来小龙虾并不能直接使用的原材料加工成小龙虾的可口饲料，扩大了饲料的来源，充分利用粮、油、酒、药、食品与石油化工等产品，符合可持续发展的原则。

3. 提高饲料的利用效率

配合饲料是根据小龙虾的不同生长阶段、不同规格而特制的营养成分不同的饲料，使它最适于小龙虾生长发育的需要。另外，配合饲料通过加工制粒过程，由于加热作用使饲料熟化，提高了饲料中蛋白质和淀粉的消化率。

4. 减少水质污染

配合饲料在加工制粒过程中，因为加热糊化效果或是添加了黏合剂的作用促使淀粉糊化，增强了原料之间的相互黏结度，可加工成不同大小、硬度、密度、浮沉、色彩等完全符合小龙虾需要的颗粒饲料。这种饲料一方面具有动物蛋白质和植物蛋白质配比合理、能量饲料与蛋白质饲料的比例适宜、具备营养物质较全面的优点，同时也大大减少了饲料在水中的溶失及对水域的污染，降低了稻田里水的有机物耗氧量，提高了稻田小龙虾的放养密度和产量。

5. 减少和预防疾病

各种饲料原料在加工处理过程中，尤其是在加热过程中破坏了某些原料中的抗代谢物质，提高了饲料的使用效率，同时在配制过程中，适当添加了小龙虾特殊需要的维生素、矿物质及预防或治疗特定时期的特定虾病的药物，通过饵料作为药物的载体，使药物更好更快地被小龙虾摄食，从而方便有效地预防虾病。更重要的是，在饲料加工过程中，可以除去原料中的一些毒素，杀灭潜在的病菌、寄生虫及虫卵等，降低了由饲料所引发的多种疾病的概率。

6. 有利于运输和贮存

配合饲料的生产可以利用现代先进的加工技术进行大批量工业化生产，便于运输和贮存，可节省劳动力，提高劳动生产效率，降低小龙虾养殖的强度，获得最佳的饲养效果。

》》》 二、配合饲料的质量评定 《《《

由于小龙虾全价配合饲料（图7-8）没有统一的标准，我们很难对小龙虾配合料进行全面正确的评价，因此这个评定标准以实用为主，不一定十分准确。

图 7-8 配制好的颗粒饲料

（1）**感官** 饲料色泽要一致，无发霉变质、结块和异味，除具有鱼粉香味外，还应具有强烈的鱼腥味，能够很快地诱引小龙虾前来摄食。

（2）**饲料粒度** 小龙虾幼虾的粉状料要求80%通过100目（筛孔尺寸为0.15毫米）分析筛；成虾料要求80%过80目（筛孔尺寸为0.18毫米）分析筛；亲虾料要求80%通过60目（筛孔尺寸为0.25毫米）分析筛。

（3）**黏合性** 指饲料在水中的稳定性，良好的黏合性可以保证饲料在水中不易溶失。其中需要注意的是黏合性越高，α-淀粉含量就越高，可能会影响小龙虾对饲料的消化吸收。另外，在食台投喂的饲料由于黏合性过强，会被小龙虾拖入水中，造成浪费与水体污染。因此，加工制成的饲料在水中的稳定性以保证3小时不溃散或在水体中保形3小时为宜，有时为了引诱小龙虾前来食用，可以添加诱食剂和色素，使小龙虾能快速发现饲料。

（4）**其他** 配合饲料的水分应不高于10%，适口性良好，具有一定的弹性。

第四节　科学投喂

投喂质量好的饲料，尤其是颗粒饲料是稻虾连作和共作精准种养获得高产、稳产、优质、高效的重要技术措施之一。

一、投饲量

投饲量是指在一定的时间内（24 小时）投放到稻田中的饲料量，它与小龙虾的食欲、数量、大小、水质、饲料质量等有关，实际工作中投饲量常以投饲率进行度量。投饲率又称日投饲率，是指每天所投饲料量占稻田里小龙虾总体重的百分数。日投饲量是实际投饲率与水中承载小龙虾量的乘积。为了确定某一具体养殖水体中的投饲量，需首先确定投饲率和承载小龙虾量。

1. 影响投饲量的因素

投饲量受许多因素的影响，主要包括养殖小龙虾的规格（体重）、水温、水质（溶氧量）和饲料质量等。

（1）水温　小龙虾是变温动物，水温影响它们的新陈代谢和食欲。在适温范围内，小龙虾的摄食随水温的升高而增加的。应根据不同的水温确定投饲率，具体体现在一年中不同的季节投饲量应有所变化。

（2）水质　水质直接影响到小龙虾的食欲、新陈代谢及健康。一般在缺氧的情况下，小龙虾会表现出极度不适和厌食。水中溶氧量充足时，食量加大。因此，可根据水中的溶氧量调节投饲量，如气压低时，水中溶氧量低，相应地应降低投饲量，以避免未被摄食的饲料造成水质进一步恶化。

（3）饲料的营养与品质　一般来说，质量优良的饲料小龙虾喜食，而质量低劣的饲料（如霉变饲料），则会影响小龙虾的摄食，甚至拒食。饲料的营养含量也会影响投饲量，特别是日粮中蛋白质的含量，对投饲量的影响最大。

2. 投饲量的确定

为了进行有计划的生产，保证饲料及时供应，并做到根据小龙虾生长需要，均匀、适量地投喂饲料，必须在年初规划好全年的投饵计划。

饲料全年分配法是，首先根据稻田条件、全年计划总产量、虾种放养量估算出全年净产量，然后根据饲料品质估测出饲料系数或综合饵肥料系数，然后估算出全年饲料总需要量，再根据饲料全年分配比例表，确定出逐月甚至逐旬和逐日分配的投饲量。

各月饲料分配比例一般采用"早开食，晚停食，抓中间，带两头"的分配方法，在小龙虾的主要生长季节投饲量占总投饲量的75%~85%；每日的实际投饲量主要根据当地的水温、水色、天气和小龙虾吃食情况来决定（表7-1）。

表7-1　小龙虾各月饲料分配比例（%）

月（合计）	3	4	5	6	7	8	9	10	11
100	1.0	2.5	6.5	11	14	18	24	20	3.0

3. 小龙虾的具体投饲量

幼虾刚下田时，日投饲量为0.5千克/亩。随着生长需要，应不断增加投饲量，具体的投饲量除了与天气、水温、水质等有关外，还要虾农在生产实践中自己把握。这里介绍一种叫试差法的投喂方法。由于小龙虾的捕捞原则是捕大留小，虾农不可能准确掌握小龙虾的稻田保有量，因此按生长量来计算投饲量是不准确的。在生产上建议虾农采用试差法来掌握投饲量，具体方法是，在第2天喂食前先查一下前一天所喂的饲料情况，如果没有剩下，说明基本上够吃；如果剩下较多，说明投喂得过多了，一定要将饲料量减下来；如果看到饲料没有了，且饲料投喂点旁边有小龙虾爬动的痕迹，说明上次投饲料少了一点，需要加量；如此三天就可以确定投饲量。在没捕捞的情况下，隔三天增加10%的投饲量，如果捕大留小了，则要适当减少10%~20%的投饲量。

》》》二、投喂方法 《《《

一般每天2次，分上午、傍晚投放。投喂以傍晚为主，投饲量要占到全天投饲量的60%~70%。饲料投喂要采取"四定""四看"的方法。

1. 配合饲料的规格

配合饲料具有较高的稳定性，可减少饲料对水质的污染。此外，投喂配合饲料时，便于具体观察小龙虾的摄食情况，灵活掌握投饲量，可以避免饲料的浪费。最佳饲料规格应随小龙虾增长而增大。

2. 投喂原则

小龙虾是以动物性饲料为主的杂食性动物，在投喂上应进行动、植物饲料的合理搭配，以"两头精、中间青、荤素搭配、青精结合"的科学投饲原则进行投喂。

3. "四看"投饲

（1）看季节 5月中旬前，动、植物性饲料比为60%：40%；5月至8月中旬，为45%：55%；8月下旬至10月中旬为65%：35%。

（2）看实际情况 连续阴雨天气或水色过浓，可以少投喂，天气晴好时适当多投喂；大批虾蜕壳时少投喂，蜕壳后多投喂；虾发病季节少投喂，生长正常时多投喂。既要让虾吃饱吃好，又要减少浪费，提高饲料利用率。

（3）看水色 水体透明度大于50厘米时可多投，少于20厘米时应少投，并及时换水。

（4）看摄食活动 发现过夜剩余饲料时，应减少投饲量。

4. "四定"投饲

（1）定时 高温时每天投饲2次，最好确定准确时间，宜调整时间至半月甚至更长时间。水温较低时，也可每天喂1次，安排在下午。

（2）定位 沿田边浅水区定点按"一"字形摊放，每间隔20厘米设一投饲点，也可用投饲机来投喂。

（3）定质 青、粗、精饲料结合，确保新鲜适口，建议投配合饲料、全价颗粒饲料，严禁投腐败变质的饲料。其中动物性饲料占40%、粗料占25%、青料占35%，做成团或块，以提高饲料利用率。动物下脚料经煮熟后投喂，在田中水草不足的情况下，一定要添加陆生草类，夏季要捞掉吃不完的草，以免其腐烂影响水质。

（4）定量 日投饲量的确定按前文叙述。

5. 牢记"匀、好、足"

（1）匀 表示一年中应连续不断地投以足够数量的饲料，在正常情况下，前后投饲量应相对均匀，相差不大。

（2）好 表示饲料的质量要好，可满足小龙虾生长发育的需求。

（3）足 表示投饲量适当，在规定的时间内小龙虾能将饲料吃完，不使小龙虾过饥或过饱。

三、投喂时警惕病从口入

首先，注意螺蛳的清洁投喂。

其次，注意对冰鲜鱼的处理（图7-9）。养殖户投喂的冰鲜野杂鱼类几乎没有经过任何处理，野杂鱼中也附带着大量有害细菌、病毒，特别是已经变质的野杂鱼。小龙虾在摄食的过程中将有害的病毒和病菌或有毒的重金属或药残带入体内，从而引发病害，常见的症状如肝脏肿大、肝脏萎缩、糜烂、肠炎、空肠和空胃等。

图7-9　冰鲜鱼

处理方法：在投喂冰鲜野杂鱼前，可使用大蒜素进行拌料处理，以消除其中的有害物质，经过发酵的天然大蒜的杀菌抑菌能力是普通抗生素的5~8倍，并且无残留、无抗性，具体的使用方法请参考各生产厂家的大蒜素或类似产品说明书。

再次，在高温季节对颗粒饲料进行相应的处理。在高温时节投喂颗粒饲料时，容易使饲料溶失，不利于小龙虾摄食。另外，这些没有被及时摄食的饲料沉入田底，一方面造成饲料浪费严重，另一方面则容易造成底质腐败，降低溶氧量，使病毒、病菌容易繁殖，形成有毒有害物质，整个养殖环境处于重度污染状态。

处理方法：在投喂饲料前，适当配合环保营养型黏合剂，将饲料包裹后投喂，既能起到诱食促食作用，还能增强小龙虾营养消化能力，这样不仅可以降低饲料系数，减轻底质污染程度，更重要的是能有效地降低小龙虾发生病害的概率。

第八章

小龙虾的病害防治

由于小龙虾的适应性和抗病能力都很强，因此目前发现的疾病较少，常见的疾病与河蟹、青虾、罗氏沼虾等甲壳类动物疾病相似。

第一节 稻田养殖小龙虾时病害发生的原因

由于小龙虾患病初期不易被发现，因此一旦发现，病情就已较重，所以对待小龙虾疾病要采取"预防为主、防重于治、全面预防、积极治疗"的方针，控制虾病的发生和蔓延。

▶▶ 一、环境因素 ◀◀

影响小龙虾健康的环境因素主要有水温、水质等。

1. 水温

小龙虾是变温动物，在正常情况下，体温随外界环境，尤其是水体的温度变化而改变。当水温发生急剧变化时，机体由于适应能力不强而发生病理变化乃至死亡。例如，小龙虾苗种在入虾沟时要求温差低于3℃，否则会因温差过大而生病，甚至出现大批死亡。

2. 水质

小龙虾为维护正常的生理活动，要求有适合其生活的良好的水环境。水质的好坏直接关系到小龙虾的生长。影响水质变化的因素有水体的酸碱度（pH）、溶氧量（D·O）、有机耗氧量（BOD）、透明度、氨氮含量及微生物等理化指标。这些因素在适宜的范围内，小龙虾生长发育良好，一旦水质环境不良，就可能导致小龙虾生病或死亡，因此要加强检验工作（图8-1）。

3. 化学物质

稻田水化学成分的变化往往与人们的生产活动、周围环境、水源、生物（鱼虾类、浮游生物、微生物等）活动、底质等有关。如虾沟长期不清塘，沟底会堆积大量没有分解的剩余饲料和水生动物粪便等，这些有机物在分解过程中，会大量消耗水中的溶解氧，同时还会放出硫化氢、沼气、碳酸气等有害气体，毒害小龙虾。有些土壤中重金属盐（铅、锌、汞等）含量较高，在这些地方开挖虾沟，容易引起重金属中毒。另外，工厂、矿山和城市排

图 8-1　测试水质

出的工业废水和生活污水日益增多，这些含有重金属毒物（铝、锌、汞）、硫化氢、氯化物等物质的废水，如进入养虾的稻田，轻则引起小龙虾的生长不适，重则引起小龙虾的大量死亡。

二、病　原　体

导致小龙虾生病的病原体有真菌、细菌、病毒、原生动物等，这些病原体是影响小龙虾健康的罪魁祸首。另外，还有些直接吞食或直接危害小龙虾的敌害生物，如稻田内的青蛙会吞食软壳小龙虾。稻田里如果有黄鳝或乌鳢生存，对小龙虾的危害也极大。

三、自　身　因　素

小龙虾自身体质是抵御外来病原菌的重要因素，一尾身体健康的小龙虾能有效地预防部分虾病的发生。值得注意的是，软壳虾对疾病的抵抗能力就要弱得多。

四、人　为　因　素

1. 操作不慎

在饲养过程中，经常要给养虾稻田换水、用药、晒田，以及捞虾、运输、冲水等，有时会因操作不当或动作粗糙，导致碰伤小龙虾，造成附肢缺损或自切损伤，这样很容易使病菌从伤口侵入，使小龙虾感染患病。

2. 饲喂不当

开展稻田大规模养虾基本上靠人工投喂饲养，如果投喂不当，投饲不清洁或变质的饲料，或饥或饱及长期投饲干饲料，饲料品种单一，饲

料营养成分不足，缺乏动物性饲料和合理的蛋白质、维生素、微量元素等，小龙虾就会缺乏营养，造成体质衰弱，就容易感染患病。当然，投饲过多，投饲的饲料变质、腐败，易引起水质腐败，促进有害细菌繁衍，导致小龙虾生病。

3. 放养密度不合理

合理的放养密度和混养比例能够增加小龙虾产量，但放养密度过大，会造成缺氧，并降低饲料利用率，使小龙虾的生长速度不一，大小悬殊。同时，由于小龙虾缺乏正常的活动空间，加之代谢物增多，会使其正常摄食生长受到影响，抵抗力下降，使发病率增高。另外，不同规格的小龙虾在同一养殖稻田饲养，在饲料不足的情况下，易发生以大欺小和相互残杀现象，造成较高的发病率。

4. 饲养稻田及进排水系统设计不合理

饲养稻田，特别是虾沟底部设计不合理时，不利于沟中的残料、污物的彻底排除，易引起水质恶化，使虾发病。如果连片大规模养虾时进排水系统没有独立性，一旦一块稻田的虾发病，往往也会传播到另一稻田，导致其他小龙虾发病。这种情况，特别是在大面积连片稻田养殖时更要注意预防（图8-2）。

图8-2　进排水管设计要科学合理

5. 消毒不彻底

虾体、田水、食场、食物、工具等消毒不彻底，会使小龙虾的发病率大大提升。

第二节　小龙虾疾病的预防措施

小龙虾疾病防治应本着"防重于治、防治相结合"的原则，贯彻

"全面预防、积极治疗"的方针。

一、稻田处理

小龙虾进入虾沟前都要对稻田，尤其是虾沟进行消毒处理，消毒方法可采用前面介绍的方法。

二、加强饲养管理

小龙虾生病，可以说大多数是由于饲养管理不当而引起的，所以加强饲养管理，改善水质环境，做好"四定"的投饲技术是防病的重要措施之一。

饲料新鲜清洁（图8-3），不喂腐烂变质的饲料。在小龙虾养殖过程中，投饲不清洁或腐烂的饲料，有可能将致病菌带入稻田中，因此对饲料进行消毒，可以提高小龙虾的抗病能力。青饲料（如南瓜、马铃薯等）要洗净切碎后方可投饲；配合饲料以1个月喂完为宜，不能有异味；小鱼小虾要新鲜投饲，时间过久，要用高锰酸钾消毒后方可投饲。

【小贴士】 根据生产实践的经验，建议养殖户还是选择颗粒饲料投饲小龙虾，既能保证小龙虾生长所需的营养，也能有效地预防虾病的发生。

图8-3 饲料要清洁

三、控制水质

养殖小龙虾的水源一定要杜绝和防止引用工厂废水，应使用符合水

129

质要求的水源。定期换冲水，保持水质清洁，以防粪便和污物在水中腐败分解释放有害气体，调节稻田水质。定期用生石灰化水全田泼洒，或定期洒光合细菌，消除水体中的氨氮、亚硝酸盐、硫化氢等有害物质，保持田水的酸碱度平衡和溶解氧水平，使水体中的物质始终处于良性循环状态，解决水质老化等问题。

▶▶▶ 四、做好药物预防 ◀◀◀

1. 小龙虾消毒

在小龙虾投放前，最好对虾体进行科学消毒，常用方法有，用3%～5%的食盐水浸洗5分钟（图8-4）。

图8-4　虾种在入田前要集中消毒处理

生产实践证明，即使是体质健壮的虾种，或多或少都带有各种病源菌，尤其是从外地运来的小龙虾苗种。放养未经消毒处理的小龙虾苗种，容易把病原体带进稻田，一旦条件合适，便会引发疾病。因此，在放养前将小龙虾苗种浸洗消毒，是切断传播途径，控制或减少疾病蔓延的重要技术措施之一。药浴的浓度和浸洗时间，应根据不同的养殖种类、个体大小和水温灵活掌握。

（1）**食盐**　这是苗种消毒最常用的方法，配制浓度为3%～5%的食盐水，洗浴10～15分钟，可以预防烂鳃病、指环虫病等。

（2）**漂白粉**　用15毫克/升溶液浸洗15分钟，可预防细菌性疾病。

（3）**高聚碘**　用50毫克/升溶液浸洗10～15分钟，可预防寄生虫性疾病。

（4）**高锰酸钾**　在水温为5～8℃时，用20克/米^{3}的溶液浸洗3～5分钟，用来杀灭小龙虾体表的寄生虫和细菌。

2. 工具消毒

日常用具，应经常曝晒和定期用高锰酸钾、敌百虫溶液或浓盐开水浸泡消毒。尤其是接触病虾的用具，更要隔离消毒专用。

在发病的稻田中用过的工具（如桶、木瓢、斗箱、各种网具等）必须消毒，其方法是小型工具放在较高浓度的生石灰溶液、漂白粉溶液，或用 10 克／米^3 的硫酸铜水溶液浸泡 10 分钟，大型工具可放在太阳下晒干后使用。

▶▶▶ 五、改良生态环境 ◀◀◀

改良小龙虾的生态环境主要是提供它所需要的水草或洞穴等。具体方法：①人工栽草；②利用自然水草；③利用水稻秸秆（图 8-5）等。既模拟了小龙虾自然生长环境，给小龙虾提供了栖息、蜕壳、隐蔽场所，又能吸收水中不利于小龙虾生长的氨氮、硫化氢等，起到改善水质、抑止病原菌大量滋生、减少发病机会的作用。

图 8-5 要充分利用水稻秸秆来改良生态环境

▶▶▶ 六、科学投喂优质饵料 ◀◀◀

饵料的质量和投饵方法，不仅是保证养殖产量的重要措施，同时也是增强小龙虾对疾病抵抗力的重要措施。养殖水体由于放养密度大，必须投喂人工饲料才能保证养殖群体有丰富和全面的营养物质，以便小龙虾转化成能量和机体有机分子。因此，科学地根据小龙虾发育阶段，选用多种饵料原料，合理调配，精细加工，保证各阶段的小龙虾都吃到适口和营养全面的饵料。生产实践和科学试验证明，劣质饵料不仅无法提供小龙虾成长和维持健康所必需的营养成分，而且还会导致其免疫力和抗病力下降，直接或间接地使小龙虾染病甚至死亡。

优质饵料的投喂通常采用"四定""四看"投饲技术，它是增强小龙虾对疾病抵抗力的重要措施。

七、积极预防春季小龙虾的死亡

在几年的稻虾连作共作精准种养的生产过程中发现，养殖期间，尤其是从3月开始，往往会出现大虾与小虾同时死亡的问题，而且死亡的数量非常大。如果养殖技术不到位，一旦控制不住就会对开春后的稻虾连作生产造成影响，最直接的影响就是稻田里没有可养之虾，造成产量的锐减。

经过现场调查和综合分析，造成春季小龙虾大量死亡的原因主要有4点：

（1）正常死亡 无论在池塘养殖还是在稻虾连作模式中，小龙虾经过漫长的冬季，体内脂肪消耗非常大，导致大虾体质差，活动能力减弱。有些大的亲虾个体本身已接近生命的终结，会逐渐死亡，这些都是自然现象，属于正常死亡。采取的对策就是在春季，小龙虾已经活动时，用地笼进行张捕、食用。由于这时候的小龙虾个体大且市场的数量少，因此价格是一年中最高的，可以及时回收部分资金。例如，2015年的春节过后，小龙虾开始上市，此时的价格非常高，规格为25尾/千克的小龙虾，田头的收购价格达到86元/千克。

（2）水质恶化造成的死亡 一旦发现有幼虾或中等虾死亡，就要对所有的虾进行观察，如果发现伴随有大虾出现残废的现象，可能就是田间沟里的水质发生了恶化。通常可先用肉眼观察，然后再用专业仪器对水质进行检测。在用肉眼观察时，如果发现稻田里的水位较浅，水草等出现腐烂，导致水色发黑，这表明稻田里的水体已经没有自我净化能力，水质已经变坏。采取的对策是：①及时泼洒石灰水或磷酸二氢钙来改良水质；②及时换水或冲水进入虾沟内，来缓冲水质的恶化。

（3）营养不良、蜕壳不遂造成的死亡 那些在秋季没有好好喂养的小龙虾，它们体内储存的能量不足以维持冬眠所需，导致它们在冬眠后出现营养不良，体色发黑，蜕壳不遂而死亡。正常生长情况下苗种

3～5天蜕壳1次，成虾15～20天蜕壳1次。蜕壳不遂而死亡的原因与钙缺乏有很大关系。采取的对策：①在饲料中添加蜕壳素；②及时泼洒石灰水或磷酸二氢钙。

（4）自相残杀造成的死亡 环沟中，有些幼虾规格达到4～5厘米，亲虾还没有捕捞，在春季小龙虾的食欲大开时，如果投饲量不足，这些小龙虾就会出现残杀现象。采取的对策就是当环沟内出现幼虾脱离母体后，要及时捕捞亲虾，提高幼虾成活率（图8-6）。

图8-6 虾的密度过高会造成小龙虾死亡

第三节 小龙虾疾病及防治方法

一、黑鳃病

【症状】 小龙虾鳃部受感染变为黑色，引起鳃萎缩。病虾往往行动迟缓，伏在岸边不动，最后因呼吸困难而死（图8-7）。

图8-7 黑鳃病

【防治方法】

1）放养前彻底用生石灰消毒，经常加注新水，保持水质清新。

2）保持饲养水体清洁，溶解氧充足，水体定期泼洒一定浓度的石灰水，以调节水质。

3）把病虾放在 3%~5% 的食盐水中浸洗 2~3 次，每次 3~5 分钟。

4）用生石灰按 15~20 克/米^3 全虾沟泼洒消毒，连续 1~2 次。

5）用二氧化氯按 0.3×10^{-4}% 浓度全虾沟泼洒消毒，并迅速换水。

▶▶ 二、烂鳃病 ◀◀

【症状】 小龙虾鳃丝发黑，局部霉烂，造成鳃丝缺损，排列不整齐，严重时可引起病虾死亡。

【防治方法】

1）经常清除虾沟中的残饵、污物，注入新水，保持良好的水体环境，保持水体中溶氧量在 4 克/升以上，避免水体被污染。

2）种植水草或放养绿萍等水生植物。彻底换水，使水质变清、变爽，如若不能大量换水，则应使用水质改良剂进行水质改良。

3）用二氯海因按 0.1 毫克/升或溴氯海因按 0.2 毫克/升全虾沟泼洒消毒，隔天再用 1 次，可以起到较好的治疗效果。

▶▶ 三、肠炎病 ◀◀

【症状】 病虾刚开始时食欲旺盛，肠道特粗，隔几天后摄食减少或拒食，肠道发炎、发红且无粪便，有时肝、肾、鳃部也会发生病变（图 8-8）。

图 8-8 患肠炎死亡的小龙虾

【防治方法】

1）要根据小龙虾的习性来投喂，饵料要多样性且新鲜，易于消化，投喂要科学，要全田均匀投喂。

2）在饵料中经常添加复合维生素、免疫多糖、葡萄糖等，增强小龙虾的抗病能力。

3）在饵料中拌入肠炎消或恩诺沙星，3~5 天为 1 个疗程。

4）在饵料中定期拌入适量大蒜素或复方恩诺沙星粉或菌毒杀星，5~7 天为 1 疗程。

5）全田用二溴海因按 0.2 毫克/升或用聚维酮碘按 250 毫升/（亩·米）泼洒。

》》 四、甲壳溃烂病 《《

【症状】 病虾甲壳局部出现颜色较深的斑点，严重时斑点边缘溃烂，出现较大或较多空洞，导致病虾内部感染，甚至死亡。

【防治方法】

1）动作轻缓，减少损伤，运输和投放幼虾种时，不要堆压和损伤虾体。

2）饲料要充足供应，防止小龙虾因饲料不足而引发相互争食或残杀。

3）每亩用 5~6 千克生石灰化水后全虾沟泼洒。

4）发病稻田用 2 毫克/升漂白粉水溶液全田泼洒，同时在饲料中添加金霉素 1~2 克/千克饲料，连续 3~5 天为 1 个疗程。

》》 五、烂 尾 病 《《

【症状】 病虾尾部有水疱，边缘出现溃烂、坏死或残缺不全，随着病情的恶化，溃烂由边缘向中间发展，严重感染时，病虾整个尾部溃烂掉落。

【防治方法】

1）运输和投放幼虾种时，不要堆压和损伤虾体。

2）饲养期间饲料要投足、投匀，防止虾因饲料不足而引发相互争食或残杀。

3）每立方米水体用茶粕 15~20 克浸液全虾沟泼洒消毒。

4) 每亩水面用强氯精等消毒剂化水全虾沟泼洒，病情严重的连续 2 次，中间间隔 1 天。

▶▶▶ 六、出血病 ◀◀◀

【症状】 病虾体表布满了大小不一的出血斑点，特别是附肢和腹部，肛门红肿，一旦染病，很快就会死亡。

【防治方法】

1) 发现病虾要及时隔离，并对虾沟水体整体消毒，水深 1 米的虾沟，用生石灰 25 ~ 20 千克/亩全沟泼洒，最好每月泼洒 1 次。

2) 内服药物用盐酸环丙沙星，按 1.25 ~ 1.5 克/千克拌料投喂，连喂 5 天。

▶▶▶ 七、纤毛虫病 ◀◀◀

【症状】 累枝虫和钟形虫等纤毛虫附着在虾和受精卵的表面、附肢和鳃部，妨碍虾的呼吸、游泳、活动、摄食和蜕壳，影响其生长发育，病虾行动迟缓，对外界刺激无敏感反应，大量附着时，会引起小龙虾缺氧而窒息死亡（图8-9）。

图8-9 纤毛虫病

【防治方法】

1) 稻田彻底消毒，杀灭田中的病原，经常加注新水，保持水质清新。

2) 用硫酸铜、硫酸亚铁（比例为5:2）0.7 克/米^3 全虾沟泼洒。

3) 用 3% ~ 5% 的食盐水浸洗，3 ~ 5 天为 1 个疗程。

4) 用 25 ~ 30 毫克/升的甲醛（福尔马林）溶液浸洗 4 ~ 6 小时，连续 2 ~ 3 次。

5）用生石灰按 20 ~ 30 克/米^3 全虾沟泼洒，连续 3 次，使水体透明度提高到 40 厘米以上。

6）用甲壳净、甲壳尽等药物按生产厂家的说明书使用。

八、烂 肢 病

【症状】　病虾腹部及附肢腐烂，肛门红肿，摄食量减少甚至拒食，活动迟缓，严重者会死亡。

【防治方法】

1）在捕捞、运输、放养等过程中要小心操作，不要让虾受伤。

2）放养前用 3% ~ 5% 的食盐水浸泡数分钟。

3）发病后用生石灰按 10 ~ 20 克/米^3 全虾沟泼洒，连施 2 ~ 3 次。

九、水 霉 病

【症状】　病虾伤口部位长有棉絮状菌丝，虾体消瘦乏力，行动迟缓，摄食减少，伤口部位组织溃烂、蔓延，严重时可导致死亡。

【防治方法】

1）在捕捞、运输、放养等过程中操作要小心仔细，不要让小龙虾受伤。

2）大批蜕壳期间，增加动物性饲料，减少同类互残。

3）用 3% ~ 5% 食盐水浸洗 5 分钟。

4）全田泼洒水霉净，1 袋/（亩·米），连用 3 天。

十、水 网 藻

【原因】　水网藻是常生长于有机物丰富的肥水中的一种绿藻（图8-10），在春夏两季大量繁殖，消耗池中大量的养分，使水质变瘦，影响浮游生物的正常繁殖，又常缠住幼虾，危害极大。而当水网藻大量繁殖时严重影响幼虾活动，常缠绕幼虾而导致幼虾死亡。

【防控方法】

1）生石灰清塘。

2）水网藻大量繁殖时，可全池泼洒 0.7 ~ 1 毫克/升硫酸铜溶液，用生石膏粉按 80 毫克/升分 3 次全池泼洒，每次间隔时间为 3 ~ 4 天，放药在下午喂虾后进行，放药后注水10~20厘米效果更好。

图8-10　水网藻

▶▶ 十一、青　苔 ◀◀

【原因】　青苔是一种丝状绿藻总称（图8-11），新萌发的青苔长成一缕缕绿色的细丝，矗立在水中，衰老的青苔形成一团团乱丝，漂浮在水面上。青苔在稻田中生长速度很快，覆盖水表面，影响水中溶解氧含量和阳光的通透性，对小龙虾的生长发育极为不利，甚至使底层的幼虾因缺氧窒息而死。青苔会导致稻田里的水体急剧变瘦，对幼虾活动和摄食都有不利影响；另外，在青苔茂盛时，往往有许多幼虾钻入里面而被缠住步足，不能活动而活活饿死。

图8-11　青苔

【防控方法】

1）及时加深水位，及时追肥，调节好水色。

2）定期追肥，使用生物高效肥水素，让稻田水体保持一定的肥度，透明度保持在30~40厘米，以减弱青苔生长旺期必需的光照。

3）在青苔较少时，可以用人工捞除（图8-12）。

图8-12 青苔应即时捞除

【防治方法】

1）按每立方米水体用生石膏粉80克，分3次均匀全池泼洒，每次间隔时间3～4天。若青苔严重时用量可增加20克，放药应在下午喂虾后进行，放药后注水10～20厘米效果更好。此法不会使池水变瘦，也不会造成缺氧，半月内可杀灭青苔。

2）可分段用草木灰覆盖杀死青苔。

3）在表面青苔密集的地方用漂白粉干撒，用量为0.65千克/亩，晚上用颗粒氧，如果发现死亡青苔全部清除，而后每亩泼洒0.3千克高锰酸钾溶液。

⚠ 【警告】 市面上宣传的专杀青苔的药物，一定要了解它的药物构成再考虑购买使用？因为许多药品生产厂家的杀青苔药的主要成分之一就是除草剂，它是可以杀死青苔，但同时也会将田间沟里的水草给杀死，而且之后补种水草更不容易成活。另外，药物还可能对小龙虾造成伤害，所以建议大家慎用。

十二、蛙 害

【原因】 青蛙会吞食幼虾，对虾苗和幼虾危害很大。青蛙在活动旺期，常会捕食小龙虾幼虾，给养殖生产造成严重后果（图8-13）。

【防控方法】

1）在放养幼虾前，彻底清除供水沟渠中的蛙卵和蝌蚪。

2）稻田四周设置防蛙网，防止青蛙跳入田中。

图 8-13　小龙虾敌害——青蛙

▶▶▶ 十三、中　毒 ◀◀◀

【原因】　稻田水质恶化，产生氨氮、硫化氢等大量有毒气体毒害小龙虾；消毒药物的残渣、过高浓度用药、进水水源受农田农药或化肥、工业废水污染、重金属超标中毒；投喂被有毒物质污染的饵料；水体中生物（如湖靛、甲藻、小三毛金藻）所产生的生物性毒素及其代谢产物等都可引起小龙虾中毒（图 8-14）。小龙虾活动失常，鳃丝粘连呈水肿状，鳃及肝脏有明显变色，极易死亡。全国各地均有发生，并且死亡率较高。

图 8-14　中毒引起小龙虾死亡

【防控方法】

1）在苗种放养前，彻底清除稻田中过多的淤泥，保留 15～20 厘米厚的淤泥。

2）采取相应措施进行生物净化，消除养殖隐患。

3）消毒后，一定要等药残完全消失后再放养苗种，最好使用生化药物进行解毒或降解毒性后注水。

4）严格控制已受农药（化肥）或其他工业废水污染过的水进入稻田内。

5）投喂营养全面、新鲜的饵料。

6）沟中栽植水花生、聚草、凤眼蓝等有净化水质作用的水生植物，同时在进水沟渠内也要种上有净化能力的水生植物。

7）一旦发现小龙虾出现中毒症状时，首先进行解毒，可用各地市售的解毒剂进行全田泼洒，然后再适当换水，同时拌料内服大蒜素和解毒药物，每天2次，连喂3天。

第四节　蜕壳虾的保护

➤➤ 一、小龙虾蜕壳保护的重要性 ◀◀

小龙虾蜕壳时，常常静伏不动，如果受到惊吓或虾壳受伤，那么蜕壳的时间就会大大延长，如果蜕壳发生障碍，就会引起死亡。小龙虾蜕壳后，机体组织吸水膨胀，此时身体柔软无力，俗称软壳虾，需要在原地休息一段时间后才能爬动，钻入隐蔽处或洞穴中，故此时极易受到同类或其他敌害生物的侵袭。因此，小龙虾每次蜕壳，会完全丧失抵御敌害和回避不良环境的能力，对小龙虾来说都是一次生存难关。在人工养殖时，促进小龙虾同步蜕壳和保护软壳虾是提高小龙虾成活率的技术关键之一，也是减少疾病发生的重要举措。

➤➤ 二、小龙虾蜕壳保护的方法 ◀◀

1）为小龙虾蜕壳提供良好的生活环境，给予其适宜的水温和水位，有充分的水草等隐蔽场所和充足的溶解氧，确保其顺利蜕壳。

2）放养密度合理，以免因密度过大而造成的相互残杀。

3）放养规格尽量一致。

4）每次蜕壳时期来临前，要投含有钙质和蜕壳素的配合饲料，力求同步蜕壳，而且必须增加动物性饵料的投喂量，使动物性饵料比例占投饵总量的1/2以上，保持饵料的喜食和充足，以避免因饲料不足而残食软壳虾的现象发生（图8-15）。

5）蜕壳期间，需保持水位稳定，一般不需换水，可以临时放入一些水花生、水葫芦等作为小龙虾的蜕壳场所，并保持安静。

图8-15　小龙虾喜欢在浅水的水草处觅食蜕壳虾

第九章

养殖实例（成功经验介绍）

　　安徽省全椒县赤镇龙虾经济专业合作社的当家人、全椒县龙虾产业协会会长王如峰，从2003年开始涉足小龙虾的养殖业，2006年10月成立养殖合作社，养殖面积由最初的40亩稻田，发展到合作社建立时的2500亩，现已发展到15000余亩，成员户由登记注册时的45户，发展到347户，示范带动500户从事小龙虾养殖。合作社小龙虾年总产值超3500万元，利润总额达2500万元，合作社成员户均纯收入达6.6万元，比非成员户收入平均高达200%。目前，安徽省滁州市发展稻田养殖小龙虾面积达18万亩，其中全椒县达13万亩，核心区域达6万亩。其养殖模式被称为"全椒模式"（图9-1），目前已经在全国进行推广，和湖北省的"潜江模式"已成为全国水产技术推广总站向全国进行推广的稻田养虾的两种主要模式。

图9-1 "全椒模式"的稻田养虾

　　根据他们的做法，普通养殖户可以达到"双千"，即水稻亩产超千斤（1斤＝500克），小龙虾每亩纯收超两千元。现将他们的主要养殖方法介绍如下，以飨读者。

▶▶▶ 一、选择合适的稻田 ◀◀◀

　　养小龙虾的稻田要有一定的环境条件才行，并不是所有的稻田都适合养小龙虾，要求养小龙虾的稻田既不能受到污染，同时又不能污染周边环境，还要方便生产经营。

1. 面积

稻田面积一般在 25 亩左右。

2. 水源

水源要求：①水量充沛，确保雨季水多不漫田、旱季水少不干涸；②取水、排灌方便，要求农田水利工程设施要配套；③水源不能有污染，不能选择化工厂附近的稻田。

▶▶ 二、开挖虾沟 ◀◀

在稻田四周开挖环形沟（图9-2），面积不超过稻田的8%，面积较大的稻田，还在中间开挖"田"字形或"川"字形或"井"字形的田间沟。环形沟距田埂 1.5 米左右，宽 3 米，深 1.2 米；田间沟宽 1.5 米，深 0.5 ~ 0.8 米。将开挖环形沟的泥土垒在田埂上并夯实，确保田埂高 1.0 ~ 1.2 米，宽 1.2 ~ 1.5 米，要求做到不裂、不漏、不垮，在满水时不能崩塌跑虾。

图 9-2　开挖环形沟

▶▶ 三、设置防逃设施 ◀◀

用高 1.2 ~ 1.5 米的密网围在稻田四周，用高 50 厘米的有机纱窗围在田埂四周，用质量好的直径为 4 ~ 5 毫米的聚乙烯绳作为上纲，缝在网布的上缘。缝制时纲绳必须拉紧，针线从纲绳中穿过。然后选取长度为 1.5 ~ 1.8 米的木桩或毛竹，削掉毛刺，将打入泥土中的一端削成锥形，或锯成斜口，沿田埂将桩打入土中 50 ~ 60 厘米，桩间距为 3 米左右，并使桩与桩之间呈直线排列，稻田的拐角处做成圆弧形。将网的上纲固定在木桩上，使网高不低于 40 厘米，然后在网上部距顶端 10 厘米处再缝上一条宽 25 厘米的硬质塑料薄膜即可（图 9-3）。

图 9-3　防逃设施

四、稻田清整与消毒

稻田是小龙虾生活的地方，稻田的环境条件直接影响到小龙虾的生长、发育。可以这样说，清整与消毒稻田是改善小龙虾养殖环境条件的一项重要工作。利用冬闲时机将稻田田间沟里的淤泥清出，或直接将泥土覆盖在埂面上，并且修整垮塌的沟壁。

稻田环沟的消毒至关重要，是健康养殖的基础工作，目的是消除养殖隐患，对种苗的成活率和生长健康起着关键性的作用。消毒的药物选用生石灰、漂白粉、漂白精、茶粕、鱼藤酮、巴豆、氨水及二氧化氯等。

五、栽好水草

在环形沟及田间沟种植沉水植物（如聚草、苦草、水芋、轮叶黑藻、金鱼藻、眼子菜、慈姑、水花生等），水草占环形虾沟面积的 40%~50%（图 9-4）。

图 9-4　水草要栽好

▶▶▶ 六、放养小龙虾 ◀◀◀

不论是当年虾种，还是抱卵的亲虾，应力争一个"早"字（图9-5）。早放既可延长虾在稻田中的生长期，又能充分利用稻田施肥后所培养的大量天然饵料资源。常规放养时间一般在每年10月或第2年的3月底。也可以采取随时捕捞，及时补苗的放养方式。

图9-5　小龙虾要放好放足

一种是在水稻收割后放养，每亩稻田按20~25千克抱卵亲虾放养，雌雄比为3:1，此法主要是为第2年生产服务；另一种是在小秧栽插后放养幼虾，每亩稻田按0.8万~1.0万尾投放，主要是当年养成，部分可以为第2年服务。

▶▶▶ 七、水稻抛植 ◀◀◀

水稻品种要选择分蘖及抗倒伏能力较强，叶片开张角度小，抗病虫害且耐肥性强的紧穗型高产优质杂交稻组合品种，生育期一般在140天以内。

抛植期要根据当地温度和秧龄确定，免耕抛秧适宜的抛植叶龄为3~4片叶。抛秧应选在晴天或阴天进行，避免在北风天或雨天中抛秧。抛秧时大田应保持泥皮水，水位不要过深。每亩的抛植棵数，以1.8万~1.9万棵为宜。

▶▶▶ 八、人工栽插 ◀◀◀

在稻虾连作共生精准种养时，提倡免耕抛秧，当然还可以实行人工秧苗移植，也就是我们常说的人工栽插。

插秧质量要求：垄正行直，浅插，移植密度为 30 厘米 × 35 厘米，每穴 4 ~ 5 棵秧苗，确保小龙虾生活环境通风透气性良好（图 9-6）。

图 9-6　栽好的秧苗

▶▶ 九、投　饵 ◀◀

投饵时实行"定时、定位、定量、定质"的投饵技巧。早期每天上午、下午各投喂 1 次；后期在傍晚 6 点多投喂。全椒县赤镇龙虾经济专业合作社全部投喂颗粒饲料，日投喂饲料量为虾体重的 3%。

▶▶ 十、投放螺蛳 ◀◀

在稻田中进行稻虾连作共生时，适时适量投放活的螺蛳（图 9-7），利用螺蛳自身繁殖力强、繁殖周期短的优势，高效地降低稻田中浮游生物含量，净化水质，维护水质清新。在每年 3 月左右，螺蛳投放量为 100 千克/亩，在 4 月至 5 月，投放量为 60 千克/亩。

图 9-7　投放到稻田里的螺蛳

➤➤➤ 十一、水位调节 ◀◀◀

水位调节是稻田养虾过程中的重要一环，在水分管理上要掌握"勤灌浅灌、多露轻晒"原则。在立苗期，要求保持 10 厘米左右的浅水；在分蘖期，要求水深保持在 10～15 厘米；在孕穗至抽穗扬花期，可将田水逐渐加深到 20～25 厘米；在灌浆结实期，采取湿润灌溉，保持田面干干湿湿至黄熟期。

➤➤➤ 十二、底质管护 ◀◀◀

在小龙虾养殖一个月后，就要做田间沟底质管护工作，有针对性地使用复合微生物底改与活菌制剂（如光合细菌、芽孢杆菌、蛭弧菌等），确保底质处于良好状态（图9-8）。

图9-8　自己培育的光合细菌定期泼洒

➤➤➤ 十三、及时收获上市 ◀◀◀

在全椒模式中，小龙虾的捕捞有其特点，虾农从阳历元月前后就开始捕捞。以 2017 年来看，这段时间规格达到 30 克/尾的小龙虾售价高达 116 元/千克，慢慢降至 3 月 1 日前后的 80 元/千克，这样，一直不间断地捕捞到阳历 6 月 10 日左右，从而获得市场上的高价位，提高收益。

捕虾方式主要是用地笼张捕，第 1 天下午或傍晚把地笼放入田边浅水有水草的地方，地笼中放进腥味较浓的鱼块、鸡肠等作为诱饵，第 2 天早晨就可以从笼中倒出小龙虾了，然后进行分级处理，大的按级别出售，小的继续饲养。

▶▶▶ 十四、做好管理工作 ◀◀◀

1. 勤巡田

早晨主要检查有无残饵，以便调整当天的投饲量，中午观察田水变化，傍晚或夜间主要是观察了解小龙虾活动及吃食情况、台风暴雨时应特别注意，做好防逃工作，检查堤埂是否塌漏，平水缺、拦虾设施是否牢固，防止逃虾和敌害进入。

2. 加强蜕壳虾管理

稻田的虾沟中始终保持有较多的水生植物，另外通过投饲、换水等措施，促进小龙虾群体集中蜕壳。大批虾蜕壳时严禁干扰，蜕壳后及时添加优质适口饲料，促进生长，严防因饲料不足而引发小龙虾相互残杀。

3. 做好施肥工作

施肥以施基肥和腐熟的农家肥为主，每亩施农家肥300千克、尿素20千克、过磷酸钙20~25千克、硫酸钾5千克。放虾后可不再施追肥。

4. 做好晒田工作

在全田总苗数达到12万~15万尾/亩时，开始排水晒田。晒田前，清理虾沟虾溜，慢慢降低水位，让小龙虾慢慢地爬入田间沟；晒田时，沟内水深保持在20厘米，晒田的要求是能达到田块中间不陷脚，田边表土不裂缝和发白，以见水稻浮根泛白为宜。

参 考 文 献

［1］但丽，张世萍，羊茜，等. 克氏原螯虾食性和摄食活动的研究［J］. 湖北农业科学，2007，3：174-177.

［2］李文杰. 值得重视的淡水渔业对象——螯虾［J］. 水产养殖，1990（1）：19-20.

［3］陈义，等. 无脊椎动物学［M］. 北京：高等教育出版社，1956.

［4］费志良，宋胜磊，等. 克氏原螯虾含肉率及蜕皮周期中微量元素分析［J］. 水产科学，2005，10（3）：8-11.

［5］舒新亚，叶奕佐. 淡水螯虾的养殖现状及发展前景［J］. 水产科技情报，1989（2）：45-46.

［6］魏青山. 武汉地区克氏原螯虾的生物学研究［J］. 华中农学院学报，1985，4（1）：16-24.

［7］唐建清，宋胜磊，等. 克氏原螯虾对几种人工洞穴的选择性［J］. 水产科学，2004，23（5）：26-28.

［8］唐建清，宋胜磊，等. 克氏原螯虾种群生长模型及生态参数的研究［J］. 南京师范大学学报（自然科学版），2003，26（1）：96-100.

［9］吕佳，宋胜磊，等. 克氏原螯虾受精卵发育的温度因子数学模型分析［J］. 南京大学学报（自然科学版），2004，40（2）：226-231.

［10］郭晓鸣，朱松泉. 克氏原螯虾幼体发育的初步研究［J］. 动物学报，1997，43（4）：372-381.

［11］张湘昭，张弘. 克氏螯虾的开发前景与养殖技术［J］. 农经，2001（4）：37-38.

［12］唐建清，赵沐子，滕忠祥. 淡水虾规模养殖关键技术［M］. 南京：江苏科学技术出版社，2006.

［13］舒新亚，龚珞军. 小龙虾健康养殖实用技术［M］. 北京：中国农业出版社，2006.

［14］夏爱军. 小龙虾养殖技术［M］. 北京：中国农业大学出版社，2007.

［15］占家智，羊茜. 施肥养鱼技术［M］. 北京：中国农业出版社，2002.

［16］占家智，羊茜. 水产活饵料培育新技术［M］. 北京：金盾出版社，2002.

［17］谢文星，罗继伦. 淡水经济虾养殖新技术［M］. 北京：中国农业出版社，2001.

［18］北京市农林办公室，等. 北京地区淡水养殖实用技术［M］. 北京：北京科学技术出版社，1992.

［19］凌熙和. 淡水健康养殖技术手册［M］. 北京：中国农业出版社，2001.